RAL·NEU 研究报告　No.0004

钢中微合金元素析出及
组织性能控制

轧制技术及连轧自动化国家重点实验室
（东北大学）

U0342348

北　京
冶　金　工　业　出　版　社
2014

内 容 简 介

本研究工作报告介绍了东北大学轧制技术及连轧自动化国家重点实验室在钢中微合金元素析出理论研究及产品开发方面的最新进展。报告内容主要分为三部分，其中第 1 章为 Nb-Ti 微合金化超高强热轧带钢纳米尺度析出研究及组织性能控制技术。第 2 章为奥氏体中 V 析出物对晶内铁素体形核的影响、晶内形核铁素体在控轧控冷及焊接热循环过程中组织性能控制方面的作用。第 3 章和第 4 章为冷轧搪瓷用钢析出行为及析出物对抗鳞爆性能及成型性能的影响。报告中介绍的研究工作大部分已经在工业化生产中得到了推广作用，并产生了显著的社会经济效益。

本报告可供材料、冶金、机械、化工等部门的科技人员及高等院校有关专业师生参考。

图书在版编目（CIP）数据

钢中微合金元素析出及组织性能控制/轧制技术及连轧自动化国家重点实验室（东北大学）著 . —北京：冶金工业出版社，2014.10
（RAL·NEU 研究报告）
ISBN 978-7-5024-6709-8

Ⅰ.①钢…　Ⅱ.①轧…　Ⅲ.①钢—合金元素—研究　②钢—组织性能（材料）—性能控制　Ⅳ.①TG142

中国版本图书馆 CIP 数据核字（2014）第 214999 号

出 版 人　谭学余
地　　址　北京市东城区嵩祝院北巷 39 号　邮编　100009　电话　(010)64027926
网　　址　www. cnmip. com. cn　电子信箱　yjcbs@ cnmip. com. cn
责任编辑　卢　敏　美术编辑　彭子赫　版式设计　孙跃红
责任校对　卿文春　责任印制　李玉山
ISBN 978-7-5024-6709-8
冶金工业出版社出版发行；各地新华书店经销；北京百善印刷厂印刷
2014 年 10 月第 1 版，2014 年 10 月第 1 次印刷
169mm×239mm；10.5 印张；164 千字；151 页
40.00 元

冶金工业出版社　投稿电话　(010)64027932　投稿信箱　tougao@cnmip. com. cn
冶金工业出版社营销中心　电话　(010)64044283　传真　(010)64027893
冶金书店　地址　北京市东四西大街 46 号(100010)　电话　(010)65289081(兼传真)
冶金工业出版社天猫旗舰店　yjgy. tmall. com
（本书如有印装质量问题，本社营销中心负责退换）

研究项目概述

1. 研究项目背景与立题依据

本项研究工作的背景是课题组与企业合作的几项科研项目。这些项目包括与天津铁厂合作的超高强热轧汽车结构钢研究开发、与马钢合作的 600 ~ 700MPa 高强钢组织性能演变与控制机理研究、与唐山国丰钢铁公司合作的新型系列冷轧搪瓷用钢研究开发、与首钢合作的高强车轮用钢研究开发、与攀钢合作的钒在贝氏体钢中析出机理研究等。这些研究工作均不同程度地涉及微合金元素析出理论方面的研究内容。

低合金结构钢微合金化有两个主要目的，其一是细化晶粒，其二是沉淀强化。对于细化晶粒，铌是非常有效的微合金元素，这是由于无论铌是固溶于奥氏体中，还是在奥氏体中析出，均对奥氏体再结晶过程有强烈的阻碍作用，当与控制轧制和控制冷却工艺相结合时，就可以获得很好的晶粒细化的效果。对于沉淀强化，钒是有效的微合金元素，这是由于钒在奥氏体中的溶解度较高，而在铁素体中则可以获得细小弥散的钒的析出物，钢材因这些析出物的存在而获得很好的沉淀强化效果；同样，钛微合金化钢则可以利用铁素体中析出的纳米尺度的 TiC 而获得沉淀强化效果，这种技术近年来在 700MPa 以上级别的热轧超高强钢的开发和生产中得到了广泛的应用。这就是利用微合金化进行结构钢微观组织和力学性能控制的广为人们所接受的冶金学原理。

然而，析出过程作为钢中的一种扩散型相变，化学成分和加工工艺对其有强烈的影响，在不同的成分体系和加工工艺条件下会呈现不同的规律性，同时也会对钢材加工过程其他的相变过程产生影响。因此，本项研究工作结合课题组在钢材产品研究开发过程中涉及的析出理论问题开展研究，主要包括 Nb-Ti 微合金化钢热轧过程析出规律，含钒微合金钢奥氏体中析出对晶内铁素体形核的影响及其应用，低碳和超低碳冷轧搪瓷用钢析出行为及其对氢扩散行为和成型性能的影响等方面。值得一提的是，在含钒微合金钢奥氏体中析出与晶内铁素体形核理论研究及其应用方面，提出了利用奥氏体中 VN 析出物促进晶内铁素体形核进而改善特厚板组织均匀性的新思路，这为解决高强韧性特厚规格钢板生产的难题提供了可能。

2. 研究进展与成果

本项研究工作最早开始于 RAL 国家重点实验室承担的国家"973"项目"新一代钢铁材料的重大基础研究——低碳钢轧制过程晶粒细化的基础研究"，当时在王国栋院士的领导下，课题组针对 Nb、V、Ti 三个微合金元素的析出行为及其在晶粒细化中的作用开展研究，并且在 Ti 的析出行为及含钛微合金超高强钢的开发方面取得重要进展，这一成果通过与天津铁厂的合作得到了最初的工业化生产和应用。以此为基础，课题组对 Nb-Ti 微合金钢的析出行为进行了系统研究，在纳米析出强化超高强热轧带钢的组织控制和产品开发方面取得了非常重要的研究结果。此后，课题组在研究方向上做了适当调整，也就是从原来单纯考虑微合金元素析出强化，调整到在利用析出强化的同时注意利用微合金元素在奥氏体中的析出对铁素体相变的影响。按照这一思路，课题组在钒氮微合金化晶内铁素体形核理论研究及应用上取得了重要进展。

搪瓷钢的组织性能控制是微合金元素析出应用的另一个领域，搪瓷钢中析出物控制与热轧高强钢中析出物控制有很大的不同，其难点在于通过析出物的控制，既要保证搪瓷钢的抗鳞爆性能，又要保证搪瓷钢的高成型性能。课题组通过与唐山国丰钢铁公司的合作项目，对这一问题进行了系统研究并取得了重要进展。

以下是本项研究工作的具体研究内容和主要研究结果：

（1）在 Nb-Ti 微合金化超高强热轧带钢析出行为及组织性能控制方面，利用热模拟实验技术，研究了变形、冷却速率、等温温度等因素对纳米尺度 (Nb,Ti)C 析出行为的影响规律，分析了沉淀析出与铁素体相变、贝氏体相变之间的相互影响机制，研究了纳米析出强化超高强钢的组织性能关系。结果表明：

1）变形提高了纳米析出（Nb,Ti）C 的形核率并细化了析出物尺寸。变形促进了空位形核，导致冷却速率小于 5℃/s 时在原奥氏体内亚晶界附近形成（Nb,Ti）C 无析出带，无析出带的宽度随冷却速率增大而减小。

2）冷却速率达到 15℃/s 时可完全抑制析出物在冷却过程中形核。等温沉淀析出受到形核驱动力和原子扩散能力的共同影响，导致（Nb,Ti）C 析出峰值温度点出现在 550℃。纳米尺度（Nb,Ti）C 在 500~660℃ 温度区间具有优良的热稳定性。

3）700MPa 级车厢板和 780MPa 级大梁钢的微观组织分别以超细铁素体和贝氏体铁素体为主，铁素体或贝氏体铁素体基体中含有大量弥散析出的尺寸在 3~20nm 的近似圆形析出物（Nb,Ti）C，该尺寸范围内 10nm 以下析出物所占比例达到 90%，其形核机制以位错形核为主。超高强汽车板的强化机制主要为析出强化和细晶强化，析出强化贡献量达到 300MPa 左右；疲劳性能实验结果表明超高强汽车板的疲劳强度比（σ_{-1}/R_m）在 0.6 左右，高于一般钢材，晶粒超细化、析出物的纳米化及颗粒状或短棒状碳化物是钢板具有优异抗疲劳性能的主要原因。

（2）在含钒微合金钢奥氏体中析出对晶内铁素体形核的影响及其应用方面，系统研究了 V 对高 Ti 钢晶内形核铁素体相变以及奥氏体中 VN 析出相对铁素体相变的影响规律，提出了利用奥氏体中 VN 析出促进晶内铁素体形核改善特厚板组织均匀性和焊接粗晶区的冲击韧性的理论及控制技术，结果表明：

1）高 Ti 钢加入 V 之后，富 V 的析出相在富 Ti 析出相表面依附形核，从而促进了晶内铁素体的形成，铁素体晶粒尺寸得到明显细化，强度与塑性大幅提高。

2）VN 与铁素体具有极低的晶格错配度，两者之间的低能界面促进晶内铁素体的形核，奥氏体中形变诱导析出 20nm 尺度的 VN 析出作为针状铁素体的形核点，可以有效地促进针状铁素体的形核及铁素体的晶粒细化。

3）奥氏体中 VN 析出促进晶内形成高密度大角度晶界的针状铁素体，减少了焊接接头贝氏体与魏氏组织，大大改善了低温冲击韧性，且针状铁素体组织强化作用显著，可避免焊接粗晶区软化。

4）利用 VN 对铁素体非均匀形核的促进作用，通过轧制工艺和冷却工艺的调整，VN 微合金化＋控制轧制和控制冷却工艺可以在特厚规格钢板提高组织均匀性和强韧性方面发挥重要作用，这将为高强韧性特厚规格钢板的生产提供一种新的途径。

（3）在超低碳搪瓷用钢析出行为及其对氢扩散行为和成型性能的影响等方面，研究了 $Ti_4C_2S_2$ 和 $Ti(C,N)$ 两种第二相粒子的析出演变规律，深入探讨了 $Ti_4C_2S_2$ 和 $Ti(C,N)$ 析出粒子对超低碳冷轧搪瓷用钢织构演变和超深冲成型性能的影响，结果表明：

1）超低碳冷轧搪瓷用钢热轧过程中 P_s 线鼻温度附近的变形能够有效地促进 $Ti_4C_2S_2$ 在奥氏体区的迅速析出，消耗掉大量的 C 原子，降低了热轧板中 $Ti(C,N)$ 的体积分数，可以显著减轻细小弥散的 $Ti(C,N)$ 析出粒子对界面迁移的钉扎作用和固溶态 C 原子的溶质拖曳效应对 γ 再结晶织构发展的负面影响，其 γ 织构由几乎等强的 $\{111\}\langle112\rangle$ 和 $\{111\}\langle110\rangle$ 组成，r_m 值达到了 2.4 以上，具有优良的超深冲成型性能。

2）超低碳冷轧搪瓷用钢热轧板中 $Ti(C,N)$ 析出粒子随热轧板卷取温度的升高而逐渐粗化，其体积分数也逐渐增大；随卷取过程冷速的增大而逐渐细化。采用较高的 720℃ 卷取，缓慢冷却的实验钢退火板具有较强的 γ 再结晶织构，r_m 值在 2.2 以上；而卷取温度低于 660℃ 或高温卷取后冷速较快时，退火板的 γ-织构较弱，r_m 值低于 1.8。不同卷取工艺的超低碳冷轧搪瓷用钢退火板的氢扩散系数 D_L 均较小，远低于临界值。考虑到搪瓷用钢板的超深冲性能，应当采用相对较高的热轧板卷取温度，并且保证热轧板高温卷取后，缓慢冷却。

3）超低碳冷轧搪瓷用钢增加 S 含量会促进 $Ti_4C_2S_2$ 在奥氏体区的析出，导致最终热轧板中 $Ti(C,N)$ 析出大量减少；（半）共格的 $Ti(C,N)$ 析出粒子与铁素体基体的相界面是主要的不可逆氢陷阱位置，S 含量较低的低温退火（低于 850℃）板的氢扩散系数 D_L 较低；当在高温退火（高于 850℃）下 $Ti(C,N)$ 析出发生回溶导致其数量降低时，$Ti_4C_2S_2$ 析出成为氢陷阱位置的主要来源；为保证采用高温连续退火工艺生产的超低碳冷轧搪瓷用钢的抗鳞爆性能，应适当提高 S 含量和控制热轧温度，促进 $Ti_4C_2S_2$ 弥散析出。

3. 鉴定、论文与专利

论文:

(1) Jun Hu, Linxiu Du, Jianjun Wang. Effect of V on intragranular ferrite nucleation of high Ti bearing steel. Scripta Materialia, 2013, 68: 953~956.

(2) Jun Hu, Linxiu Du, Jianjun Wang, Cairu Gao. Effect of welding heat input on microstructures and toughness in simulated CGHAZ of V-N high strength steel. Materials Science and Engineering A, 2013, 577: 161~168.

(3) Jun Hu, Linxiu Du, Jianjun Wang. Effect of cooling procedure on microstructures and mechanical properties of hot rolled Nb-Ti bainitic high strength steel. Materials Science and Engineering A, 2012, 554: 79~85.

(4) Jun Hu, Linxiu Du, Jianjun Wang, Hui Xie, Cairu Gao, R. D. K. Misra. Structure-mechanical property relationship in low carbon microalloyed steel plate processed using controlled rolling and two-stage continuous cooling. Materials Science and Engineering A, 2013, 585: 197~204.

(5) Jun Hu, Linxiu Du, Jianjun Wang, Cairu Gao, Tongzi Yang, Anyang Wang, R. D. K. Misra. Microstructures and mechanical properties of a new as-hot-rolled high-strength DP steel subjected to different cooling schedules. Metallurgical and Materials Transactions A, 2013, 44A: 4937~4947.

(6) Jun Hu, Linxiu Du, Jianjun Wang, Qingyi Sun. Cooling process and mechanical properties design of hot-rolled low carbon high strength microalloyed steel for automotive wheel usage. Materials and Design, 2014, 53: 332~337.

(7) Jun Hu, Linxiu Du, Jianjun Wang, Hui xie, Cairu Gao, R. D. K. Misra. High toughness in the intercritically reheated coarse-grained (ICRCG) heat-affected zone (HAZ) of low carbon microalloyed steel. Materials Science and Engineering A, 2014, 590: 323~328.

(8) Jun Hu, Linxiu Du, Hui Xie, Peng Yu, R. D. K. Misra. A nanograined/ultrafine-grained low-carbon microalloyed steel processed by warm rolling. Materials Science and Engineering A, 2014, 605: 186~191.

(9) Jun Hu, Linxiu Du, Hui Xie, Xiuhua Gao, R. D. K. Misra. Microstructure and mechanical properties of TMCP heavy plate microalloyed steel. Materials Science and Engineering A, 2014, 607: 122 ~ 131.

(10) Jun Hu, Linxiu Du, Hui Xie, Futao Dong, R. D. K. Misra. Effect of weld peak temperature on the microstructure, hardness, and transformation kinetics of simulated heat affected zone of hot rolled ultra-low carbon high strength Ti-Mo ferritic steel. Materials and Design, 2014, 60: 302 ~ 309.

(11) 胡军, 杜林秀, 王万慧, 李晶. 590MPa 级热轧 V-N 高强车轮钢组织性能控制. 东北大学学报, 2013, 34(6): 820 ~ 823.

(12) Linxiu Du, Shengjie Yao, Jun Hu, Huifang Lan, Hui Xie, Guodong Wang. Fabrication and microstructural control of nano-structured bulk steels, a review. Acta Metallurgical Sinica (English Letters), 2014, 27(3): 508 ~ 520.

(13) Futao Dong, Linxiu Du, Xianghua Liu, Fei Xuc. Optimization of chenmical compositions in low-carbon Al-killed enamel steel produced by ultra-fast continuous annealing. Materials Characterization, 2013, 84: 81 ~ 87.

(14) Futao Dong, Linxiu Du, Xianghua Liu, Jun Hu, Fei Xue. Effect of Ti (C,N) precipitation on texture evolution and fish-scale resistance of ultra-low carbon Ti-bearing enamel steel. Journal of iron and steel research, 2013, 20(4): 39 ~ 45.

(15) 董福涛, 杜林秀, 刘相华, 薛飞. 连续退火工艺对含 B 搪瓷用钢组织性能的影响. 金属学报, 2013, 49(10): 1160 ~ 1168.

(16) 谢辉, 杜林秀, 胡军. 冷却工艺对低碳 Ti 微合金化热轧超高强钢组织性能的影响. 东北大学学报, 2014, 35(4): 508 ~ 511.

(17) Wang X. P., Du L. X., Zhou M. and Sun G. S., Influence of soaking temperature on transformation behaviour and precipitate coarsening of new cold rolled weathering steel containing niobium and titanium, Materials science and technology, 2014(accepted).

(18) 衣海龙, 王晓南, 杜林秀, 王国栋. 710MPa 级热轧高强钢的组织性能. 东北大学学报 (自然科学版), 2009, 30(10): 1421 ~ 1424.

(19) Yi H L, Du L X, Wang G D, Liu X H. Development of a hot-rolled low carbon steel with high yield strength. ISIJ Int. 46(2006)754.

（20）Xiaonan Wang, Linxiu Du, Hongshuang Di, Hui Xie, Dehao Gu. Effect of Deformation on Continuous Cooling Phase Transformation Behaviors of 780MPa Nb-Ti Ultra-high Strength Steel. Steel Research International, 2011, 82 (12): 1417～1424.

（21）Xiaonan Wang, Linxiu Du, Hongshuang Di. 700MPa Grade Steel for Heavy-duty Truck Development and Carriage Lightweight Design. Reviews on Advanced Materials Science.

（22）王晓南，杜林秀，张海仑，邸洪双. 780MPa 级重载汽车用大梁钢的工业试制. 钢铁研究学报，2011，23(5): 45～49.

（23）宋勇军，王晓南，徐兆国，罗继峰，杜林秀. 700MPa 级超高强重载汽车车厢板的研制. 机械工程学报，2011，47(22): 69～73.

（24）王晓南，杜林秀，袁晓云，董福涛，刘相华. 新型低碳冷轧搪瓷用钢的组织及其性能. 钢铁，2011，46(7): 64～69.

（25）王晓南，杜林秀，张弛，袁晓云，焦景民. DC01EK 冷轧搪瓷用钢开发及其抗鳞爆性能研究. 钢铁研究学报，2011. 23(8): 49～53.

（26）王晓南，杜林秀，董福涛，董学新，焦景民. 合金元素 Ti 对 DC01EK 低碳冷轧搪瓷用钢组织性能的影响. 轧钢，2011，28(5): 1～3.

（27）Xiaonan Wang, Hongshuang Di, Chi Zhang, Linxiu Du, Xuexin Dong, Weldability of 780 MPa Super-High Strength Heavy-Duty Truck Crossbeam Steel, Journal of iron and steel research international, 2012, 19(6): 64～69.

（28）Xiaonan Wang, Yanfeng Zhao, Bingjie Liang, Linxiu Du and Hongshuang Di, Study on Isothermal Precipitation Behavior of Nano-Scale (Nb,Ti)C in FerriteBainite in 780 MPa Grade Ultra-High Strength Steel, Steel Research International, 2013, 84(4): 402～409.

（29）王晓南，杜林秀，邸洪双. 新型热轧纳米析出强化超高强汽车板的疲劳性能研究. 机械工程学报，2012，48(22): 27～33.

（30）王宁，李毅，杜林秀，等. 550MPa 级低成本商用车车轮钢的工业试制及性能研究. 钢铁，2008，43(6): 74～77.

（31）Wang N, Li Y, Du L X, et al. Fatigue property of low cost and high strength wheel steel for commercial vehicle. Journal of Iron and steel research international，2009，16(4)：44~48.

（32）王宁，李毅，杜林秀，等．高强度汽车车轮钢的研制及结构减重分析．轧钢，2006，23(5)：1~4.

专利：

（1）杜林秀，衣海龙，高彩茹，王国栋，刘相华。一种低碳700MPa级复合强化超细晶粒带钢的制造方法，2008，中国，ZL2005100476324。

（2）杜林秀，衣海龙，赵坤，高彩茹，王国栋，刘相华。一种700MPa级F/B高强带钢的制造方法，2007，中国，ZL2005100476339。

（3）衣海龙，杜林秀，吴迪，王晓南，王国栋。一种屈服强度高于800MPa的热轧带钢及其制备方法，2011，中国，ZL2009100117423。

鉴定成果：

项目名称：新型超高强汽车板研制开发
组织鉴定单位：天津市科学技术委员会
完成单位：天津天铁冶金集团有限公司，东北大学
鉴定时间：2010年3月

4. 项目完成人员

姓　名	技术职称	专　业	工作单位
杜林秀	教　授	材料加工	东北大学
胡　军	博士生	材料加工	东北大学
董福涛	博士生	材料加工	东北大学
王晓南	博士生	材料加工	苏州大学
谢　辉	博士生	材料加工	东北大学
高彩茹	副教授	材料加工	东北大学
高秀华	教　授	材料加工	东北大学
邱春林	副教授	材料加工	东北大学
吴红艳	讲　师	材料加工	东北大学
蓝慧芳	讲　师	材料加工	东北大学

5. 报告执笔人

杜林秀、胡军、董福涛、王晓南、谢辉。

6. 致谢

在本项研究工作的进行过程中，除了课题组成员的努力工作之外，还得到了实验室领导、同事，以及合作企业的相关领导和工程技术人员的帮助与支持，这些帮助与支持对于相关的科研项目的顺利完成和在析出理论研究上取得一定程度的进展是非常重要的。

轧制技术及连轧自动化国家重点实验室王国栋院士对于我们的研究工作从方向的把握到具体的实验均给予了细致周到的关心与指导，而且王院士还非常关心课题组年轻研究人员的成长，对于年轻同志特别是优秀博士生在研究工作中取得的进展和个人的进步给予了充分的肯定和热情的鼓励，使年轻的同志们既感到了温暖又增强了自信。这次从具体的科研项目中提出对析出问题进行提炼和归纳整理，也是在王院士的特别指导下完成的。

实验室主任吴迪教授对于我们的研究工作给予了多方面的帮助与支持，对于我们在基础理论研究上取得的进展给予了充分的肯定，课题组进行的一些探索性的研究工作还得到了国家重点实验室科研业务费的支持。实验室与本团队有着长期合作关系的赵德文教授和邸洪双教授为本项研究工作提出了很多非常重要的建议，在此对二位教授表示衷心的感谢。

我们要特别感谢合作企业的相关领导和工程技术人员。天津铁厂热轧公司总经理宋勇军、总工程师徐兆国，马钢技术中心常务副主任张建博士、副主任杨兴亮博士、高强钢所副所长胡学文以及张宜高级工程师，首钢技术研究院副院长朱启建博士、薄板所副所长崔阳博士、薄板所肖宝亮博士及张大伟工程师等，这些领导和工程技术人员在纳米析出强化 Nb-Ti 复合微合金化超高强钢开发和析出理论研究上给予了我们十分重要的帮助与支持；攀钢技术研究院副院长程兴德、高级工程师杨雄飞，湖南省宏元稀有金属材料有限公司副总经理刘海泉等在钒析出理论研究及应用方面为我们提供了重要的支持与帮助；唐山国丰钢铁公司总工程师焦景民博士在冷轧搪瓷用钢产品开发和析出理论研究上为我们提供了重要的支持与帮助。此外，我们在析出理论研究上取得的进展还与莱芜钢铁公司、五矿营口中板有限责任公司进行了交流，莱钢宽厚板事业部副总经理周平博士和五矿营口中板有限公司杨海峰技术总监就进一步完善析出理论研究以及如何将理论研究成果应用于生产实际等方面向我们提出了非常有价值的建议。所以我们要向上述合作企业的领导和工程技术人员表示我们由衷的感谢之意！

最后，我们还要感谢实验室的老师：崔光洙、李成刚、田浩、王佳夫、薛文颖、张维娜、高翔宇、赵文柱，办公室张颖、李钊、杨子琴、沈馨、孟丽娟等对本项研究工作及本团队多年来的帮助与支持！

目　　录

摘要 ……………………………………………………………………… 1

1 Nb-Ti 微合金化超高强热轧带钢析出研究及组织性能控制 ……… 4

  1.1　引言 …………………………………………………………… 4

    1.1.1　热轧微合金超高强钢的研究现状 ……………………… 4

    1.1.2　含 Ti 微合金钢析出行为研究现状 …………………… 7

  1.2　奥氏体冷却过程相变行为研究 ……………………………… 11

    1.2.1　实验材料及方法 ………………………………………… 11

    1.2.2　连续冷却过程相变实验结果 …………………………… 13

    1.2.3　讨论 ……………………………………………………… 17

    1.2.4　小结 ……………………………………………………… 26

  1.3　(Nb,Ti)C 的析出行为及热稳定性研究 …………………… 26

    1.3.1　实验材料及方法 ………………………………………… 27

    1.3.2　连续冷却过程(Nb,Ti)C 析出行为的实验结果与分析 … 29

    1.3.3　等温过程(Nb,Ti)C 析出行为的实验结果与分析 …… 34

    1.3.4　(Nb,Ti)C 热稳定性的实验结果与分析 ……………… 45

    1.3.5　小结 ……………………………………………………… 50

  1.4　超高强汽车板控轧控冷实验及组织性能分析 …………… 50

    1.4.1　实验材料及实验方法 …………………………………… 50

    1.4.2　实验结果及讨论 ………………………………………… 52

    1.4.3　小结 ……………………………………………………… 59

  参考文献 …………………………………………………………… 60

2　奥氏体中 V 析出物对晶内铁素体形核的影响及组织性能控制 ……… 66

  2.1　前言 …………………………………………………………… 66

2.2　Ti-V 热轧带钢中的晶内铁素体形核行为 ················· 66

　　2.2.1　研究背景 ···················· 66

　　2.2.2　试验材料及试验方法 ··············· 67

　　2.2.3　试验结果 ···················· 68

　　2.2.4　讨论 ····················· 71

　　2.2.5　小结 ····················· 72

2.3　V-N 钢中厚板 VN 析出对组织性能的影响 ············· 73

　　2.3.1　研究背景 ···················· 73

　　2.3.2　试验材料及试验方法 ··············· 74

　　2.3.3　试验结果与讨论 ················· 76

　　2.3.4　小结 ····················· 83

2.4　VN 析出物对焊接粗晶热影响区组织性能的影响 ·········· 83

　　2.4.1　研究背景 ···················· 83

　　2.4.2　试验材料及试验方法 ··············· 85

　　2.4.3　试验结果 ···················· 87

　　2.4.4　讨论 ····················· 95

　　2.4.5　小结 ····················· 96

2.5　VN 析出物对多道次焊接临界再加热粗晶热影响区
　　组织性能的影响 ···················· 97

　　2.5.1　研究背景 ···················· 97

　　2.5.2　试验材料及试验方法 ··············· 98

　　2.5.3　试验结果与讨论 ················· 100

　　2.5.4　小结 ····················· 106

参考文献 ························· 106

3　低碳冷轧搪瓷用钢中析出物的研究 ·············· 114

3.1　引言 ························· 114

3.2　实验材料及方法 ···················· 115

　　3.2.1　化学成分和生产工艺模拟 ············· 115

　　3.2.2　组织性能检测分析 ················ 116

3.3　实验结果及讨论 ································· 119

3.3.1　热轧板组织和第二相析出粒子 ············· 119

3.3.2　冷轧退火板组织和第二相析出粒子 ·········· 120

3.3.3　冷轧退火板的力学性能 ···················· 123

3.3.4　冷轧退火板 H 渗透行为的影响 ············· 125

3.4　小结 ·· 127

参考文献 ·· 128

4　超低碳冷轧搪瓷用钢中析出物的研究 ············ 130

4.1　引言 ·· 130

4.2　实验材料及方法 ································ 131

4.2.1　化学成分和生产工艺模拟 ················· 131

4.2.2　组织性能检测分析 ······················· 133

4.3　实验结果及讨论 ································ 134

4.3.1　热轧卷取温度对连续退火生产的超低碳冷轧搪瓷用

钢组织性能的影响 ······················· 134

4.3.2　热轧卷取冷却条件对罩式退火超低碳冷轧搪瓷用

钢组织性能的影响 ······················· 141

4.4　小结 ·· 149

参考文献 ·· 150

摘　　要

低合金结构钢微合金化有两个主要目的：其一是细化晶粒，其二是沉淀强化。对于细化晶粒，铌是非常有效的微合金元素，这是由于无论铌是固溶于奥氏体中，还是在奥氏体中析出，均对奥氏体再结晶过程有强烈的阻碍作用，当与控制轧制和控制冷却工艺相结合时，就可以获得很好的晶粒细化的效果。对于沉淀强化，钒是有效的微合金元素，这是由于钒在奥氏体中的溶解度较高，而在铁素体中则可以获得细小弥散的钒的析出物，钢材因这些析出物的存在而获得很好的沉淀强化效果；同样，钛微合金化钢则可以利用铁素体中析出的纳米尺度的 TiC 而获得沉淀强化效果，这种技术近年来在700MPa 以上级别的热轧超高强钢的开发和生产中得到了广泛的应用。这就是利用微合金化进行结构钢微观组织和力学性能控制的广为接受的冶金学原理。

然而，析出过程作为钢中的一种扩散型相变，化学成分和加工工艺对其有强烈的影响，在不同的成分体系和加工工艺条件下会呈现不同的规律性，同时也会对钢材加工过程中其他的相变过程产生影响。因此，本项研究工作结合课题组在钢材产品研究开发过程中涉及的析出理论问题开展研究，主要包括 Nb-Ti 微合金化钢热轧过程析出规律，含钒微合金钢奥氏体中析出对晶内铁素体形核的影响及其应用，低碳和超低碳冷轧搪瓷用钢析出行为及其对氢扩散行为和成型性能的影响等方面。值得一提的是，在含钒微合金钢奥氏体中析出与晶内铁素体形核理论研究及其应用方面，提出了利用奥氏体中 VN 析出物促进晶内铁素体形核进而改善特厚板组织均匀性的新思路，这使解决高强韧性特厚规格钢板生产的难题成为可能。具体研究内容和主要结果如下：

（1）在 Nb-Ti 微合金化超高强热轧带钢析出行为及组织性能控制方面，利用热模拟实验技术，研究了变形、冷却速率、等温温度对纳米尺度（Nb,Ti）C 析出行为的影响规律，分析了沉淀析出与铁素体相变、贝氏体相变之间的相互影响机制，研究了纳米析出强化超高强钢的组织性能关系。结果

表明:

1) 变形提高了纳米析出(Nb,Ti)C 的形核率并细化了析出物尺寸。变形促进了空位形核,导致冷却速率小于 5℃/s 时在原奥氏体内亚晶界附近形成(Nb,Ti)C 无析出带,无析出带的宽度随冷却速率增大而减小。

2) 冷却速率达到 15℃/s 时可完全抑制析出物在冷却过程中形核。由于铁素体相变和沉淀析出之间存在争夺奥氏体中缺陷的竞争机制,所以这两种相变行为相互制约;贝氏体相变有效冻结奥氏体中缺陷,因而促进沉淀析出。沉淀析出受到形核驱动力和原子扩散能力的共同影响,导致(Nb,Ti)C 析出峰值温度点出现在 550℃。纳米尺度(Nb,Ti)C 在 500~660℃ 温度区间具有优良的热稳定性。

3) 700MPa 级车厢板和 780MPa 级大梁钢的微观组织分别以超细铁素体和贝氏体铁素体为主,铁素体或贝氏体铁素体基体中含有大量弥散析出的尺寸在 3~20nm 的近似圆形析出物(Nb,Ti)C,该尺寸范围内 10nm 以下析出物所占比例达到 90%,其形核机制以位错形核为主。超高强汽车板的强化机制主要为析出强化和细晶强化,析出强化贡献量达到 300MPa 左右;疲劳性能实验结果表明超高强汽车板的疲劳强度比 (σ_{-1}/R_m) 在 0.6 左右,高于一般钢材,晶粒超细化、析出物的纳米化及颗粒状或短棒状碳化物是钢板具有优异抗疲劳性能的主要原因。

(2) 在含钒微合金钢奥氏体中析出对晶内铁素体形核的影响及其应用方面,系统研究了 V 对高 Ti 钢晶内形核铁素体相变以及奥氏体中 VN 析出相对铁素体相变的影响规律,提出了利用奥氏体中 VN 析出促进晶内铁素体形核改善特厚板组织均匀性和焊接粗晶区的冲击韧性的理论及控制技术,结果表明:

1) 高 Ti 钢加入 V 之后,富 V 的析出相在富 Ti 析出相表面依附形核,从而促进了晶内铁素体的形成,铁素体晶粒尺寸得到明显细化,强度与塑性大幅提高。

2) VN 与铁素体具有极低的晶格错配度,两者之间的低能界面促进晶内铁素体的形核,奥氏体中形变诱导析出 20nm 尺度的 VN 析出作为针状铁素体的形核点,可以有效地促进针状铁素体的形核及铁素体的晶粒细化。

3) 奥氏体中 VN 析出促进晶内形成高密度大角度晶界的针状铁素体,减少了焊接接头贝氏体与魏氏体组织,大大改善了低温冲击韧性,且针状铁素体组织强化作用显著，可避免焊接粗晶区软化。

4）利用 VN 对铁素体非均匀形核的促进作用，通过轧制工艺和冷却工艺的调整，VN 微合金化＋控制轧制和控制冷却工艺可以在特厚规格钢板提高组织均匀性和强韧性方面发挥重要作用，这将为高强韧性特厚规格钢板的生产提供一种新的途径。

（3）在超低碳搪瓷用钢析出行为及其对氢扩散行为和成型性能的影响等方面，研究了 $Ti_4C_2S_2$ 和 $Ti(C,N)$ 两种第二相粒子的析出演变规律，深入探讨了 $Ti_4C_2S_2$ 和 $Ti(C,N)$ 析出粒子对超低碳冷轧搪瓷用钢织构演变和超深冲成型性能的影响，结果表明：

1）超低碳冷轧搪瓷用钢热轧过程在 P_s 线鼻温度附近的变形，能够有效地促进 $Ti_4C_2S_2$ 在奥氏体区的迅速析出，从而消耗掉大量的 C 原子，降低热轧板中 $Ti(C,N)$ 的体积分数，可以显著减轻细小弥散的 $Ti(C,N)$ 析出粒子对界面迁移的钉扎作用和固溶 C 原子的溶质拖曳效应对 γ 再结晶织构发展的负面影响，其 γ 织构由几乎等强的 {111}⟨112⟩ 和 {111}⟨110⟩ 组成，r_m 值达到了 2.4 以上，具有优良的超深冲成型性能。

2）超低碳冷轧搪瓷用钢热轧板中 $Ti(C,N)$ 析出粒子随热轧板卷取温度的升高而逐渐粗化，其体积分数也逐渐增大；随卷取过程冷速的增大而逐渐细化。采用较高的 720℃ 卷取，缓慢冷却的实验钢退火板具有较强的 γ 再结晶织构，r_m 值在 2.2 以上；而卷取温度低于 660℃ 或高温卷取后冷速较快时，退火板的 γ-织构较弱，r_m 值低于 1.8。不同卷取工艺的超低碳冷轧搪瓷用钢退火板的氢扩散系数 D_L 均较小，远低于临界值。考虑到搪瓷用钢板的超深冲性能，应当采用相对较高的热轧板卷取温度，并且保证热轧板高温卷取后，缓慢冷却。

3）超低碳冷轧搪瓷用钢增加 S 含量会促进 $Ti_4C_2S_2$ 在奥氏体区的析出，导致最终热轧板中 $Ti(C,N)$ 析出粒子大量减少；（半）共格的 $Ti(C,N)$ 析出粒子与铁素体基体的相界面是主要的不可逆氢陷阱位置，S 含量较低的低温退火（低于 850℃）板的氢扩散系数 D_L 较低；当在高温退火（高于 850℃）下 $Ti(C,N)$ 析出发生回溶导致其数量降低时，$Ti_4C_2S_2$ 析出成为氢陷阱位置的主要来源；为保证采用高温连续退火工艺生产的超低碳冷轧搪瓷用钢的抗鳞爆性能，应适当提高 S 含量和控制热轧温度，促进 $Ti_4C_2S_2$ 弥散析出。

关键词：微合金；析出；汽车用钢；搪瓷钢；铁素体相变；非均匀形核

1 Nb-Ti 微合金化超高强热轧带钢析出研究及组织性能控制

1.1 引言

1.1.1 热轧微合金超高强钢的研究现状

热轧微合金超高强钢综合性能优良,已经广泛应用于重载汽车零部件制造。瑞典 SSAB 公司的 Domex 系列以低碳高锰复合添加微合金元素 Nb、V、Ti 为成分设计思路,通过控制轧制和控制冷却工艺,使得钢板的屈服强度达到 650MPa 和 700MPa,主要应用在卡车底盘上。Takahiro Kashima 等[1]以 0.05% C-0.5% Si-1.5% Mn-0.13% Ti 为基本成分,通过控制热轧工艺参数获得具有双相组织的高翻边性能热轧板,主要应用在汽车支撑臂等悬挂部件上。Shimizu Tetsuo 等[2,3]以 0.04% C-1.4% Mn 为成分基础,添加适量的 Ti 和 Mo,通过控制纳米析出粒子(Ti,Mo)C 的析出行为获得 780MPa 级热轧纳米高强度钢 (NANOHITEN Steel),产品主要用于汽车悬挂件和车轮等行走部件的制造。R. D. K. Misra 等[8]以 0.05% C-1.5% Mn 为成分基础,添加微合金元素 Nb、Ti、Mo 和 B 开发热轧高强汽车用钢,其中 Mo 能够有效抑制铁素体从奥氏体中析出,降低贝氏体转变开始温度,细化贝氏体组织;Mn 和 Nb 提高贝氏体淬透性,避免在冷却过程中发生的贝氏体相变。

近年来,超高强度汽车用钢开发已成为钢铁企业、科研单位及汽车制造厂的研发热点,企业与科研单位合作开发进程很快。陆匠心等[4,5]以低碳高锰复合使用微合金元素 Nb、Ti、Mo 为成分体系,研制出屈服强度为 700MPa 级超高强钢,产品已广泛用于汽车零部件制造。武钢[6]采用低碳高锰添加多种微合金元素 Cu、Mo、Ni 等的成分设计思路,通过弛豫工艺 (TMCP 工艺 + 回火工艺),获得了抗拉强度为 685MPa 级低碳贝氏体钢,而其屈服强度

600MPa 级、700MPa 级易折弯超高强钢则采用低碳高锰高钛的成分设计思路。黄庆渊等[7]研究了纳米界面析出强化钢的不同合金设计方案，结果表明，在其他元素含量及 TMCP 工艺不变的前提下，Nb-Ti 复合添加形成的析出物数量少且稳定性差，强化效果低于单独添加 Ti 的实验钢；Ti-V 复合添加的强化效果与 Ti-Mo 复合添加相同，明显高于 Nb-Ti 复合添加和单独添加 Ti，但 Ti-Mo 复合添加时，Mo 要添加 0.15% 以上才能发挥作用，考虑到合金成本问题，Ti-V 复合添加是纳米界面析出强化钢最佳的合金设计方案。通过精确控制轧制参数实现了抗拉强度 690MPa 级和 780MPa 级热轧汽车用钢的工业化生产。安阳钢铁厂[8]采用低碳高锰复合添加了较多的合金元素，如 Ti、Cr、Mo，获得细小的贝氏体组织。珠钢[9]以低碳高锰为基本成分，添加微合金元素 Ti 和 Cr 为成分路线，通过控制卷取温度使得 TiC 颗粒在准多边形铁素体中低温析出，钢板屈服强度达到 700MPa。莱钢[10]以低碳高锰为成分基础，添加微合金元素 Nb、Ti，以形成碳氮化物粒子析出，获得抗拉强度 700MPa 级汽车大梁用钢。

所以国内外超高强汽车板化学成分设计方面大多数产品均添加了附加值较高的 Mo、Cr、Ni 等合金元素，且国内产品的合金用量明显高于国外，导致国内产品在成本上无明显优势。此外，国内产品多用于汽车大梁上，而具有超高强度且高扩孔性能的热轧汽车用钢相对较少，这表明在组织性能控制技术上与国外相比仍存在一定差距。因此，调整及优化产品成分体系、提高钢板综合性能是亟待解决的问题。

从热轧微合金超高强钢的显微组织来看，对于 700MPa 级以上的超高强汽车板而言，国内外已研发或已工业化生产产品的组织类型包含三种：细晶铁素体、铁素体 + 贝氏体、贝氏体，图 1-1 为这三种类型组织的电镜照片。对于该强度级别的钢材而言，单靠一种强化机制是无法达到预期的强度。以 NANOHITEN Steel 等为代表的铁素体（F）单相钢（图 1-1a 和图1-1b），将铁素体细化到 $3 \sim 4 \mu m$，甚至 $2 \sim 3 \mu m$，已达到目前热轧产品晶粒细化极限，同时利用 10nm 或 5nm 以下的析出物来大幅度提高钢材的强度，强化机制以细晶强化和析出强化为主。以 R. D. K. Misra 等、瑞典 SSAB 公司的 Domex 系列及宝钢 BS700MC 产品为代表的铁素体 + 贝氏体（B）或铁素体 + 贝氏体 + 少量珠光体超高强钢（图 1-1c），铁素体晶粒也可细化至 $3 \sim 5 \mu m$，同时利用了贝氏体的相变强化机制，以及基体内部的纳米级析出物的沉淀强化作用，故其强化机制包含细晶强化、固溶强化、位错强化、相变强化和析出强化。对于 Hirohisa Kikuchi 等所开发的单相贝氏体车轮用钢产品而言（图 1-1d），贝氏体板条束宽度细化至 1μm 以下，通过细晶强化、相变强化、固溶强化、位错强化机制提高钢材强度。

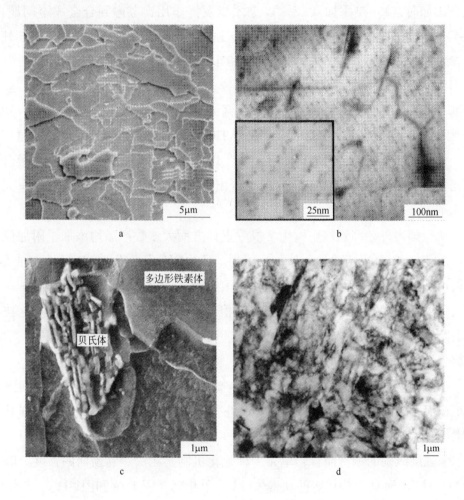

图 1-1　不同带钢的显微组织[7~9,13]

a，b—NANOHITEN 钢；c—铁素体 + 贝氏体；d—贝氏体

国内外几种热轧超高强汽车板的热轧工艺中，除 Kikuchi 等采用间断式冷却方式开发超高强双相车轮钢以外，其余热轧产品多采用控轧控冷的工艺思路。为保证精轧阶段在奥氏体未再结晶区变形，增大奥氏体中变形带、位错、

亚晶等缺陷，提高系统自由能，细化相变后组织，终轧温度一般控制的相对较低，但需高于铁素体相变开始温度 A_{r3}。轧制后以一定的冷却速率冷至铁素体区或贝氏体区，或在铁素体区空冷数秒后再快速冷却至不同的卷取温度，获得预期的微观组织。

1.1.2 含 Ti 微合金钢析出行为研究现状

含钛微合金钢中，所能形成的常见析出物随温度的降低而析出的先后顺序为 TiN→TiS→Ti$_4$C$_2$S$_2$→TiC[11,12]，析出物尺寸随析出温度的降低而减小。钛与氮之间有着十分强烈的化学亲和力，在炼钢和连铸过程中，TiN 已经开始析出。由于 TiN 属于高温析出物，故其尺寸粗大，尺寸多在 50~500nm 之间，部分颗粒达到微米级，一般呈方形或长方形，大多在晶界上形核析出，对钢板强度无贡献量[13,14]。但适宜尺寸的 TiN 颗粒可在焊接热循环或再加热过程中抑制奥氏体晶粒粗化，起到提高焊接接头韧性的作用[13,15]。M. I. Vega 等[15,16]指出当 Ti/N 配比在 1~3 之间（小于理想配比 3.42）时，TiN 粒子尺寸较为细小，在加热温度为 1300℃时能有效地抑制奥氏体晶粒长大；在不考虑钛和氮含量及变形条件的前提下，由于 TiN 形成的晶界钉扎力比道次间发生再结晶的驱动力小两个数量级，导致含 Ti 钢很难通过抑制道次间再结晶行为来细化奥氏体晶粒。

M. Hua 等[17]研究认为，Ti$_4$C$_2$S$_2$ 不是独立形核和长大的，而是 TiS 在原位置上通过消耗奥氏体基体上的 Ti 和 S 直接相变而形成的，他们提出的反应方程式为：

$$\text{TiS} + [\text{Ti}] + [\text{C}] \longrightarrow 1/2\text{Ti}_4\text{C}_2\text{S}_2 \tag{1-1}$$

TiS 是在连铸坯的冷却和再加热过程中（$T > 1200℃$）形成的，随着温度的降低，TiS 粒子将在热轧过程中（900~1200℃）向 Ti$_4$C$_2$S$_2$ 转变。到一定温度时，TiS 就完全转变为 Ti$_4$C$_2$S$_2$[18~20]。在一定温度范围内，这两种析出物共同存在，有时是单独析出，有时则是复合析出。这两种粒子的尺寸也相对较大，尺寸在 100~200nm 之间，对提高强度作用不大。

研究已证实，单独添加微合金元素 Ti 或复合添加其他微合金元素 Mo、Nb 或 V，通过控制其析出行为获得纳米级 TiC 或含 Ti 碳化物，可大幅度提高钢材的强度[1~7,21~22]。降低析出物尺寸及保持其热稳定性是利用微合金化提高钢材强度的技术难题[17,23]。根据 Ashby-Orowan 模型[24]，析出物尺寸越小，所占体积分数越大，强化效果越明显。图 1-2 示出的是根据 Ashby-Orowan 模型计算的不同析出粒子尺寸的析出量与析出强化量的关系，其中析出粒子的直径为 1nm 和 10nm[3]。由图 1-2 可见，析出粒子的尺寸对析出强化贡献量影响更为显著，当析出粒子直径为 1nm 时析出强化最大贡献量可达到 700MPa。康永林等[25]利用钛的析出强化作用，采用 0.04%C-0.12%Ti 成分体系，通过控轧控冷获得铁素体组织，并获得大量直径 10nm 以下 TiC 粒子，屈服强度增量达到 200~250MPa，使得钢板屈服强度达到 450~650MPa。

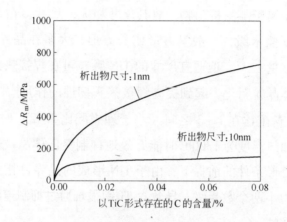

图 1-2　不同析出尺寸的析出量对析出强化量的影响

　　TiC 的晶格结构是 NaCl 型面心立方结构，添加其他微合金元素 Mo、V、Nb 形成(Ti,X)C 复合析出物并不会明显改变其晶格结构与晶格常数[26]。这类析出物多为圆形，直径均在 10nm 以下，析出物与铁素体晶粒存在 B-N(Baker-Nutting) 方位关系，在同一个铁素体晶粒中，相邻的析出物与铁素体具有相同的 B-N 方位关系[7]。Z. Jia 等[27]研究指出，(Nb,Ti)C 的形核机制为优先析出 TiC 颗粒表面成为随后析出 NbC 的形核点，(Nb,Ti)C 的晶格常数为 0.447nm，介于 TiC 的晶格常数 0.433nm 与 NbC 的晶格常数 0.459nm 之间，(Nb,Ti)C 与铁素体之间存在如下的位向关系：

$$[001]_{(Ti,Nb)C} / / [111]_{\alpha} \tag{1-2}$$

　　R. Uemori[28]等、Y. Funakawa[29]等研究指出，对于含钛微合金钢而言，元素 Nb，V，Mo 复合添加会改变 Ti 或 C 的扩散速度，故复合析出物具有更好的高温稳定性，析出物在保温或卷取缓慢冷却（1℃/s）不易长大粗化。因而，目前科研工作者在实际应用析出强化机制时，均趋向采用复合析出的合金设计方法。不论复合析出的元素是 Nb、V 还是 Mo，如果单个(Ti,X)C 析出物的尺寸相同，则阻碍位错运动的效果是基本相同的，所以整体析出强化效果主要取决于析出物的体积分数与分布[7]。

在 TiC 或(Ti,X)C 析出体积分数及分布控制的研究方面，Radko Kaspar 等[30]的研究工作表明，各种微合金碳氮化物在铁素体中沉淀的最大形核率温度约为 600℃，最快沉淀温度约为 700℃；最快沉淀温度下微合金碳氮化物在铁素体中完成沉淀析出所需时间约为 50s，沉淀开始时间约为 0.5s；最大形核率下两者分别为 2000s 和 20s。黄庆渊等[7]等认为 TiC 的大量析出温度在 560～660℃ 之间。Takahiro Kashima[1]则认为对于高 Ti 钢（钛碳比为 1.3）而言，TiC 析出峰值温度为 550℃。Tzuping Wang[23]等研究了低碳钢中等温处理温度对纳米级 TiC 颗粒析出动力学的影响，等温温度为 700℃、725℃ 及 750℃ 时，大量呈条状分布的纳米尺度 TiC 沿 γ/α 相界面析出，且平行于轧制方向；而等温温度为 650℃ 和 675℃ 时，只有极少量的纳米尺度 TiC 在铁素体基体上析出。

迄今为止，有关微合金元素碳氮化物在奥氏体中的析出行为已开展了较多的工作，通过硬度法、电阻法、微蠕变法、应力松弛法、间断压缩法和热扭转法建立析出物在奥氏体区的析出动力学曲线（PTT 曲线），研究了铌碳氮化物的应变诱导析出行为以及各种微合金元素 Ti、Mo、B、V 等的添加对铌碳氮化物析出行为的影响。W. J. Liu 等[31]利用应力松弛法测定了纯钛钢在预应变为 5% 条件下的应变诱导析出动力学曲线（PTT 曲线），研究指出析出动力学与钛含量密切相关，随钛含量的降低析出鼻尖温度逐渐降低，相应的开始析出温度逐渐延长。如当钛含量为 0.25% 和 0.05% 时，析出鼻尖温度分别为 1000℃ 和 850℃，开始析出时间分别为 15s 和 80s。图 1-3 示出的是 S. G. Hong 等[32]通过高温流变应力法测定的纯铌钢和 Nb-Ti 钢在预应变为 30% 条件下的 PTT 曲线。图中 P_s 和 P_f 分别代表应变诱导析出开始温度和结束温度。由图可见，析出鼻尖温度为 900℃，他们认为钛的添加不会改变析出鼻尖温度，但会推迟析出开始温度，这主要归因于未溶相(Ti,Nb)CN 的存在，导致钢中铌浓度降低，析出变缓慢。王昭东等[33]采用应力松弛法研究了0.1% C-1.6% Mn-0.034% Nb-0.016% Ti-0.08% V 钢中碳氮化物的应变诱导析出行为，研究表明，析出鼻尖温度在 900 ~ 920℃之间，奥氏体区的预变形加速沉淀析出过程，使 PTT 曲线向左上方偏移。

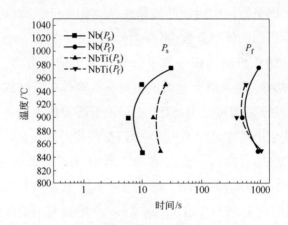

图 1-3　纯铌钢和 Nb-Ti 钢的 PTT 曲线

　　关于微合金元素碳氮化物在奥氏体中的析出行为已有大量的文献报道，但是对于纳米析出(Nb,Ti)C 在铁素体或贝氏体中的析出行为尚未得到系统的研究。以往研究表明，相间析出和低温区析出可显著细化析出物尺寸，大幅度提高钢材强度，但其中所涉及的一些基础理论问题仍未得到明确的解释，如沉淀析出与铁素体相变、贝氏体相变之间的相互影响机制，如何通过工艺控制最大限度获得纳米尺度析出物(Nb,Ti)C 等。开展这部分研究工作将为精确控制纳米级析出物提供必要的理论支撑。

　　随着国家节能减排、绿色环保政策法规的逐步提出和实施，重载汽车轻量化逐渐得到钢铁企业、卡车制造商及用户的关注，将成为汽车工业快速发展不可或缺的部分。国内重载汽车用钢强度普遍偏低，车身重量大，导致运输过程油耗大，有效运输系数低；且由于强度低导致抗疲劳性能差，使用寿命低。此外，国内抗拉强度 700MPa 级以上超高强汽车用钢种类相对较少，生产成本与综合性能与国外同级别产品仍存在一定差距。

　　所以本项研究工作围绕低成本高性能的热轧超高强汽车板开发，针对纳米尺度(Nb,Ti)C 的析出行为、Nb-Ti 微合金化热轧超高强汽车板的组织性能控制，开展如下三方面的研究工作：

（1）超高强汽车板的化学成分设计、奥氏体高温变形行为及冷却过程相变行为；

（2）纳米尺度(Ti,Nb)C 在铁素体或贝氏体铁素中析出行为及其热稳定性研究；

（3）控轧控冷钢板的显微组织、析出行为、强化机制及综合力学性能。

1.2 奥氏体冷却过程相变行为研究

1.2.1 实验材料及方法

本项研究工作采用低碳、适当锰含量和铌钛复合微合金化的成分路线，根据产品强度级别设计了不同的锰含量和铌钛含量。实验钢的化学成分（质量百分数,%）列于表 1-1。利用热力学平衡软件 Thermal-cacl 分析了三种元素对实验钢相变点的影响。

表 1-1　实验钢的化学成分（质量分数,%）

级别/MPa	C	Si	Mn	P	S	Nb	Ti	N	Ceq
700	0.07~0.11	0.2~0.3	1.4~1.8	≤0.015	≤0.005	0.02~0.05	0.04~0.09	0.004	0.35
780	0.07~0.11	0.2~0.3	1.5~1.9	≤0.015	≤0.005	0.04~0.08	0.06~0.13	0.004	0.39

图 1-4 示出的是各种元素对相变点的影响，A_{e1} 为奥氏体平衡转变开始温度点，A_{e3} 为奥氏体平衡转变结束温度点。由图 1-4a 可见，相变点随锰含量的增加呈线性递减，当锰含量由 1.5% 提高至 2.0% 时，A_{e3} 和 A_{e1} 分别降低 15℃ 和 23℃。增加锰含量可扩大奥氏体相区，A_{e1} 对锰含量的变化更为敏感，因而锰含量的增加扩大了两相区的范围。铌和钛对相变点有相似的影响规律，由图 1-4b 和图 1-4c 可见，实验钢的 A_{e3} 随铌和钛含量的增加而升高，且对钛含量的变化更为敏感；铌和钛含量对 A_{e1} 的影响分为两个阶段：当铌含量小于 0.5%、钛含量小于 0.3% 时，随着铌和钛含量的增加，A_{e1} 基本无变化；当铌和钛含量分别超过 0.5% 和 0.3% 时，实验钢的 A_{e1} 急剧增大。其变化原因为：由于微合金元素铌和钛均为强碳化物形成元素，可有效固定钢中的碳，在平衡转变的计算中会无限形成合金元素的碳化物，当钢中的碳被完全固定后，A_{e1} 将明显提高。

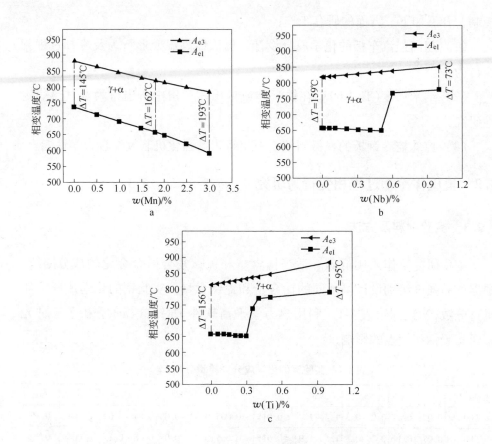

图 1-4　各种合金元素对相变点的影响

a—Mn；b—Nb；c—Ti

　　根据以上分析计算可知，两种实验钢之间锰、铌和钛含量的差别对相变点 A_{e3} 和 A_{e1} 影响很小。因此，本章仅以 780MPa 级大梁钢为例，利用热力模拟实验技术，对实验钢的奥氏体高温变形行为、连续冷却相变行为开展研究。

　　在 MMS-300 热力模拟实验机上进行实验钢的静态和动态连续冷却实验，试样尺寸为 $\phi 8 \times 15$mm。图 1-5 示出的是热模拟实验工艺路线。将试样以 10℃/s 的加热速率加热至 1250℃ 并保温 180s，以 10℃/s 的冷却速率冷至 900℃，并在 900℃ 保温 10s 来均匀化试样温度，动态连续冷却实验需在 900℃ 施加 6mm 压缩变形，然后以不同的冷却速率 0.5℃/s，1℃/s，2℃/s，5℃/s，10℃/s，15℃/s，20℃/s，25℃/s 冷至 200℃ 以下。实验过程中记录膨胀量随温度的变化情况，利用切线法确定相变点。

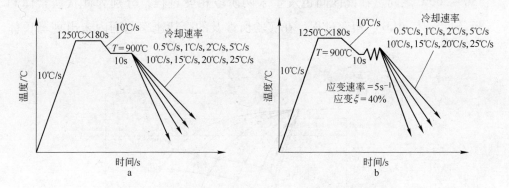

图1-5　热模拟实验工艺路线

a—静态连续冷却实验；b—动态连续冷却曲线

利用线切割机将热模拟试样沿焊接热电偶一侧的径向剖分，经机械研磨及抛光后在4%硝酸酒精溶液中腐蚀，应用 LEICA-DMIRM 多功能光学显微镜和 FEI Quanta 600 扫描电子显微镜对显微组织进行观察。利用 FEI Tecnai G^2 F20 场发射透射电子显微镜对样品的精细组织及析出物进行观察，透射用 ϕ3mm 薄片样品采用 TenePol-5 型电解双喷仪在 6% ~9% $HClO_4$ + C_2H_5OH 溶液中双喷减薄出一定范围的可观测薄区，透射电镜的工作电压取 200kV。

1.2.2 连续冷却过程相变实验结果

1.2.2.1 CCT 曲线

图1-6 示出的是测量的实验钢在 900℃ 时静态 CCT 曲线。经测量，加热过程中奥氏体开始转变温度 A_{c1} 点为 720℃，转变结束温度 A_{c3} 点为 830℃。图中 B_s 和 B_f 分别为贝氏体相变开始点和结束点。随冷却速率的增大，相变开始点和结束点均呈现下降的趋势。在低冷却速率范围冷却（低于 1℃/s）时，存在少量先共析铁素体（PF）转变，以及粒状贝氏体（GB）转变；少量奥氏体在 660℃ 附近发生先共析铁素体转变，大部分奥氏体在 630℃ 附近发生粒状贝氏体相变。当冷却速率在 1 ~5℃/s 之间时，相变发生在 630 ~480℃ 之间，只发生粒状贝氏体转变。当冷却速率在 5 ~15℃/s 之间时，相变发生在 580 ~405℃ 之间，在此区间发生了两阶段相变过程，分别为粒状贝氏体和针状铁素体（AF）相变过程。当冷却速率在 15 ~25℃/s 之间时，相变发生在

530～360℃之间，在此区间也发生了两阶段相变过程，分别为针状铁素体和板条贝氏体（LB）相变过程。在实验所涉及的冷却速率范围内未出现马氏体相变。

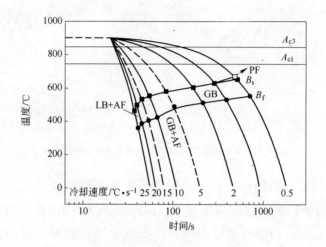

图 1-6　实验钢的静态 CCT 曲线

图 1-7 示出的是测量的实验钢在 900℃时动态 CCT 曲线，变形量为 40%。当冷却速率在 0.5～2℃/s 之间时，相变发生在 710～530℃之间，存在铁素体（F）相变、珠光体（P）相变和粒状贝氏体相变（GB），珠光体相变量较小。当冷却速率在 2～5℃/s 之间时，相变发生在 620～500℃之间，此阶段无珠光

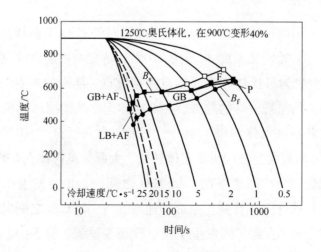

图 1-7　实验钢的动态 CCT 曲线

体相变，只发生铁素体相变和粒状贝氏体相变。当冷却速率在 5~15℃/s 之间时，相变发生在 580~440℃之间，无铁素体相变，只发生粒状贝氏体相变。当冷却速率在 15~20℃/s 之间时，相变发生在 550~420℃之间，此阶段发生粒状贝氏体相变和针状铁素体（AF）相变。当冷却速率在 20~25℃/s 之间时，相变发生在 510~380℃之间，该阶段发生针状铁素体相变和板条贝氏体（LB）相变。冷却速率小于 25℃/s 时未发生马氏体相变。

对比分析图 1-6 和图 1-7，变形使得 CCT 曲线各相区向左上方移动，且相变所需要的时间也明显缩短。这是由于变形使过冷奥氏体稳定性降低，系统的自由能增加，提高了奥氏体相变驱动力，导致相变温度升高。变形扩大了铁素体相变区域。变形后实验钢在冷却速率小于 2℃/s 时出现珠光体转变。冷却速率在 0.5~25℃/s 之间时，不论在 900℃是否存在变形（不包含 900℃变形-冷却速率为 0.5℃/s），过冷奥氏体均发生贝氏体相变，但具体的组织类型有所不同。

1.2.2.2　显微组织

图 1-8 给出了不同冷却速率下的光学显微组织。在未变形连续冷却实验中（冷却开始温度 900℃），冷却速率在 0.5~25℃/s 范围内时，冷却过程中基本不产生先共析铁素体，各个冷却速率下均发生贝氏体相变。由图 1-8i 可见，当冷却速率较快时（25℃/s），组织为板条贝氏体及一部分针状铁素体，不同方向的板条束将原奥氏体晶粒分割成不同的区域。随着冷却速率的降低，原奥氏体晶内的板条贝氏体量减少，逐渐被板条束不清晰的粒状贝氏体取代，如图 1-8g、e、c 所示。当冷却速率降至 1℃/s 以下时，沿原始奥氏体晶界开始有先共析铁素体，原奥氏体晶粒内部组织仍为粒状贝氏体，如图 1-8a 所示。因此，在实验所测定的冷却速率范围内，未变形过冷奥氏体只发生铁素体相变和贝氏体相变。在变形连续冷却实验中（变形量 40%，冷却开始温度 900℃），原始奥氏体晶界已变得非常模糊甚至观察不到，且相变后的显微组织明显细化，组织变得较为混乱。当冷却速率较大时（25℃/s），组织主要为板条贝氏体，存在一定量的针状铁素体，如图 1-8j 所示。随着冷却速率的降低，组织中的板条贝氏体和针状铁素体逐渐消失，出现大量的粒状贝氏体，如图 1-8f、h 所示。当冷却速率降至 5℃/s 以下时，组织中出现铁素体，铁素

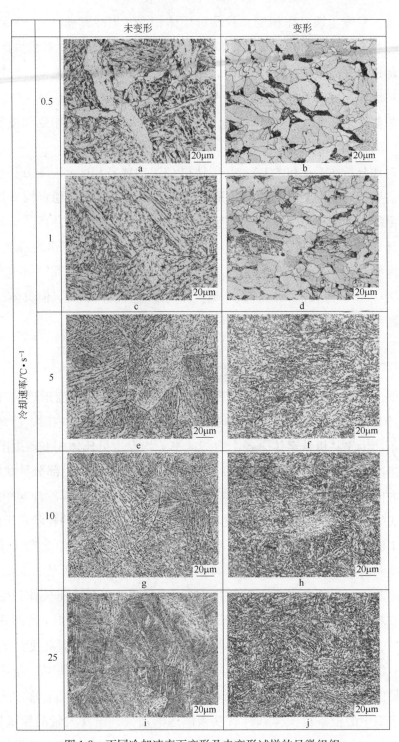

图 1-8　不同冷却速率下变形及未变形试样的显微组织

体的晶粒尺寸和体积分数随冷却速率的降低而增大，且铁素体晶界随冷却速率的降低变得更为平直。当冷却速率降至2℃/s以下时，组织中出现珠光体，珠光体在铁素体的三叉晶界处形核，其体积分数和团直径随冷却速率的降低而增大。因而，在实验所测定的冷却速率范围内，变形过冷奥氏体发生铁素体相变、珠光体相变和贝氏体相变。

1.2.3　讨论

1.2.3.1　变形对连续冷却过程相变的影响

图1-9示出的是不同冷却速率下变形对铁素体体积分数的影响（变形量40%，冷却开始温度900℃）。未变形实验钢中，仅在冷却速率为0.5℃/s时发生铁素体相变，且铁素体转变量较小，体积分数仅为12%。而在变形实验钢中，冷却速率小于5℃/s时均存在铁素体相变，相变分数随冷却速率增大而降低，冷却速率为0.5℃/s、1℃/s和2℃/s时相变分数分别为80%、60%和20%。

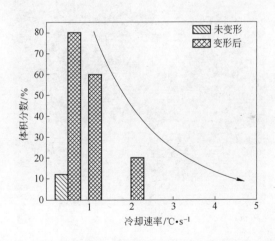

图1-9　不同冷却速率下变形对铁素体体积分数的影响

图1-10示出的是冷却速率为0.5℃/s时变形与未变形实验钢的显微组织（变形量40%，冷却开始温度900℃）。在变形实验钢中，冷却速率在0.5～2℃/s之间时，过冷奥氏体发生珠光体相变。图1-10a给出了变形实验钢在冷却速率为0.5℃/s时的组织，组织为铁素体和珠光体，珠光体分布在铁素体

的三叉晶界上。在未变形实验钢中，冷却速率在 0.5 ~ 25℃/s 之间时，过冷奥氏体均无珠光体相变，图 1-10b 给出了冷却速率为 0.5℃/s 时的显微组织，组织为先共析铁素体和粒状贝氏体。

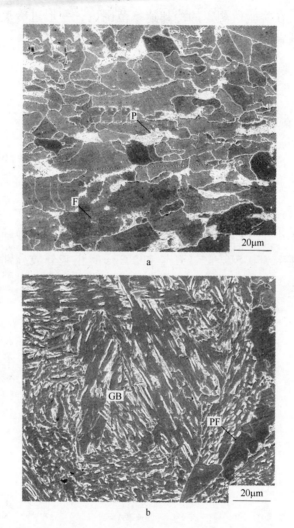

图 1-10　冷却速率为 0.5℃/s 时变形与未变形实验钢的显微组织

a—变形；b—未变形

铁素体相变和珠光体相变属于扩散型相变，相变过程涉及碳原子、铁原子和合金元素原子的扩散，因此新相形核-长大过程与原子扩散速度密切相关。原子扩散系数越大，则其扩散速度越快。式（1-3）和式（1-4）分别为奥氏体晶界的自扩散系数和晶内的自扩散系数，由于晶界、相界、位错这些缺陷处的扩散激活能远比晶粒内部低，故碳原子和铁原子在这些缺陷上的扩散系数比晶粒内部的体扩散系数大很多，对比两式可知，晶界自扩散系数是晶内自扩散系数的 10^7 倍[34]。因此，原子在这些缺陷处的扩散比晶体内更容易，更容易发生形核。

$$D_{晶界}^{\gamma\text{-Fe}} = 2.3\exp\left(-\frac{30600}{RT}\right) \tag{1-3}$$

$$D_{晶内}^{\gamma\text{-Fe}} = 0.16 \times 10^{-6}\exp\left(-\frac{64000}{RT}\right) \tag{1-4}$$

形核包含均匀形核和非均匀形核，均匀形核的相变驱动力为新相和母相之间的自由能差，相变阻力为界面能和应变能，而非均匀形核的驱动力比均匀形核驱动力多了一项，即晶体缺陷储存的晶格畸变能。均匀形核功与非均匀形核功之间的关系如式（1-5）所示：

$$\Delta G_{非}^* = \Delta G_{均}^* f(\theta) \tag{1-5}$$

$$f(\theta) = \frac{1}{2}(2 + \cos\theta)(1 - \cos\theta)^2 \tag{1-6}$$

$$\Delta G_{均}^* = \frac{16\pi}{3} \cdot \frac{\sigma^3}{(\Delta G_V + \Delta G_E)^2} \tag{1-7}$$

式中　$f(\theta)$——形状因子，为 $0 \sim 1$；

　　　θ——$0° \sim 180°$；

　　　σ——新相与母相界面的比界面能；

　　　ΔG_V——单位体积的相变自由能；

　　　ΔG_E——新相形成时引起的单位体积弹性畸变能。

因而，非均匀形核功小于均匀形核功，且当 $\theta = 0°$ 时，非均匀形核功 $\Delta G_{均}^*$ 为 0。由于均匀形核功较大，成为难以逾越的形核障碍，因而固态相变中均匀形核很难发生。在非均匀形核中，形核快慢及形核率受到晶体缺陷种类、密度、温度的影响。

在未变形奥氏体中，奥氏体晶粒内部的缺陷很少，奥氏体→铁素体相变主要发生在奥氏体晶界上[35,36]，也就是说，铁素体优先在奥氏体晶界交汇处形核，如图 1-10b 所示。但是由于未变形奥氏体的扩散驱动力较低，原子扩散相对困难，故铁素体转变量相对较小。随着冷却速率的增大，原子在扩散能力强的高温区停留时间变短，导致铁素体转变难以发生。在变形奥氏体中，由于变形过程（900℃压缩变形40%）处于奥氏体未再结晶区域，因而在奥氏体内部引入了大量的铁素体形核位置如形变带、位错、位错胞、亚晶界，导致奥氏体内的缺陷密度大幅度增加，而这些缺陷既能储存大量的畸变能，又有利于铁原子与碳原子的扩散，从而提高了铁素体的形核率，缩短了奥氏体向铁素体转变的孕育期，铁素体晶粒得到明显细化。由图1-9可见，随着冷却速率的增大，变形奥氏体发生铁素体转变的体积分数越来越小，这是由于原子扩散随着过冷度的增大而越来越困难。

发生珠光体相变的前提条件为奥氏体中的碳浓度达到共析转变的浓度。在冷却速率较快的前提下，共析钢或过共析钢来不及形成先共析铁素体，而是奥氏体直接转变为伪铁素体和渗碳体，即发生伪共析转变。高温变形对等温过程或连续冷却过程珠光体转变的影响与对铁素体转变的影响相同，即加速其相变的动力学过程。对于含碳量为0.77%或接近于该值的钢，由于变形增加了形核部位即提高了形核率，进而促进了珠光体转变。

而对于实验钢而言，碳含量小于0.12%，珠光体转变是在先共析铁素体析出之后发生的相变过程。铁素体转变实际上为奥氏体向外排碳的过程，该过程导致铁素体晶粒周围形成富碳区，当碳浓度达到珠光体转变条件时，即发生珠光体转变[37]。从图1-10a可观察到，珠光体分布在铁素体的三叉晶界上。因此，珠光体转变与铁素体转变必然存在一定的联系，且受铁素体转变过程的影响。高温变形造成的奥氏体晶界面积和晶体缺陷的增加只提高了铁素体相变的形核率，而对珠光体的形核却无直接影响。但变形增加了珠光体的分散度，从而改善了珠光体的分布。但这种作用随着变形温度的升高和冷却速率的降低而减弱，即当冷却速率大于2℃/s时组织中无珠光体出现。而在未变形实验钢中，无珠光体转变发生，这是由于铁素体形核率低，相应的铁素体周围碳富集程度低，无法发生共析转变，大部分奥氏体在低温阶段转变为粒状贝氏体，如图1-10b所示。

图1-11示出的是变形对贝氏体相变开始点（B_s）的影响（变形量40%，冷却开始温度900℃）。由图可见，不论奥氏体是否存在变形，贝氏体相变开始温度均随冷却速率的增大而降低，相变开始温度点在640~460℃之间。变形对贝氏体相变开始点的影响分为两种情形，以冷却速率5℃/s为临界点，当冷却速率在1~5℃/s之间时，未变形实验钢的贝氏体相变开始温度高于变

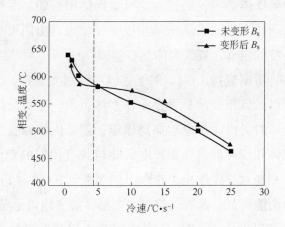

图 1-11 变形对贝氏体相变开始点的影响

形实验钢；当冷却速率在 5～25℃/s 之间时，则相反。

由图 1-8 可见，在变形实验钢中，冷却速率小于 5℃/s 时部分过冷奥氏体先发生铁素体相变，剩余的过冷奥氏体在随后冷却过程中转变为贝氏体。也就是说，铁素体相变领先于贝氏体相变发生，那么铁素体相变必然会对贝氏体相变产生一定的影响，其影响机制正是需要我们讨论的内容。

图 1-12 示出的是变形奥氏体在不同冷却速率下的显微组织（变形量40%，冷却开始温度为900℃）。当冷却速率为5℃/s时，由于冷却速率相对较快，铁素体仅在原奥氏体晶界上发生非均匀形核，形核后迅速沿着晶界向一侧长大，如图1-12a中箭头所示，铁素体向奥氏体 A_2 晶粒中长大，而不是向 A_1 晶粒中长大。当冷却速率降低至2℃/s时，铁素体形核率明显提高，形

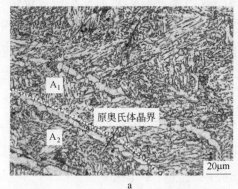
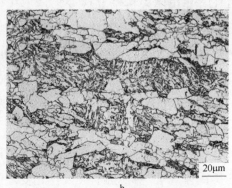

图 1-12 不同冷速下变形实验钢的显微组织

a—5℃/s；b—2℃/s

核位置不仅仅为奥氏体晶界，还包含变形奥氏体中位错、变形带等缺陷，形核后有充分的时间长大，因而晶粒尺寸也明显增大，由图可见，粒状贝氏体分布在奥氏体晶粒的内部，被铁素体晶粒包围。

V. M. Khlestov 等研究指出[38]，对于连续冷却相变而言，变形对贝氏体相变的作用取决于贝氏体相变前是否存在铁素体析出，当贝氏体相变前存在铁素体相变时，变形对贝氏体相变起抑制作用；当贝氏体相变前无铁素体相变时，变形对贝氏体相变有促进作用；本实验与其有相似的变化规律。我们分析认为，铁素体相变对贝氏体相变的影响包含两个方面：（1）铁素体相变的发生使得系统自由能降低，晶界、位错、变形带等非均匀形核位置数量降低，导致贝氏体相变难以发生；（2）铁素体相变引起其周围的奥氏体富集碳原子、铁原子、合金元素原子，过冷奥氏体稳定性提高，贝氏体相变滞后。因此，在低冷却速率（<5℃/s）条件下，变形奥氏体优先发生铁素体相变，导致系统自由能降低，原子扩散系数大，导致铁素体周围的过冷奥氏体稳定性高，贝氏体相变开始点低于未变形奥氏体。当冷却速率超过5℃/s时，变形奥氏体中非均匀形核点完全用于贝氏体相变形核，此时变形促进了贝氏体相变，贝氏体相变开始点提高。

1.2.3.2 Nb 和 Ti 在连续冷却过程相变中的作用

变形温度为900℃，变形量为40%，冷却速率为0.5℃/s 和5℃/s 时铁素体中析出物的分布情况见图1-13。通过 EDX 能谱分析确定析出物成分为(Nb, Ti)C。奥氏体未再结晶区变形使奥氏体晶粒内部形成大量的变形带、位错、亚晶等缺陷，这些缺陷不仅仅是后续铁素体相变的形核点，也是析出物非均匀形核的重要形核位置。由图 1-13a 和图 1-13b 可见，(Nb,Ti)C 的形核位置有明显的特征，多分布在原奥氏体晶粒内部的变形带、亚晶界上，亚晶内部的析出物数量明显偏低。当冷却速率为 0.5℃/s 时，实验钢在变形（开始冷却温度900℃）后至发生铁素体相变（相变开始温度710℃）所经历的时间为400s，使得(Nb,Ti)C 有充分的时间析出。因此，我们判定(Nb,Ti)C 析出是在奥氏体（γ）→铁素体（α）相变之前完成的。当冷却速率为5℃/s 时，析出物尺寸及数量明显降低，析出物在铁素体基体上随机分布，无相间析出的特征，因此，析出应该是 γ→α 相变之后完成的。

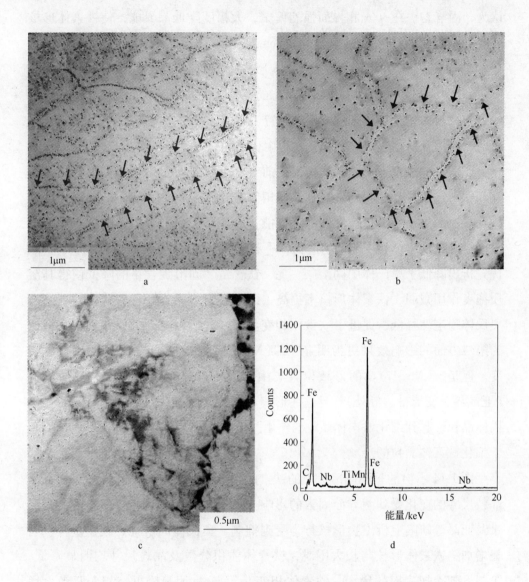

图 1-13　不同冷却速率下铁素体中析出物分布

a—不同变形带内的析出（0.5℃/s）；b—亚晶界内的析出（0.5℃/s）；

c—铁素体内的析出（5℃/s）；d—EDX-(Nb,Ti)C

微合金元素铌和钛在组织中的存在方式有两种，一种是固溶态，另一种是碳化物或碳氮化物析出态，这两种存在方式对于铁素体相变的影响是不同的。有关于铌对形变诱导铁素体相变（DIFT）的影响，国内外学者已进行了大量的研究工作，但在析出态铌对 DIFT 的影响上存在着较大的分歧。研究者认为，固溶态铌在 γ/α 相界面强烈偏聚，大幅度降低晶界能，使铁素体形核率降低，不利于铁素体相变。S. C. Hong 等[39]指出，NbC 的动态析出导致相变驱动力降低，从而降低了铁素体形核率，抑制了铁素体相变；而 Liu Qingyou等[40]却认为，碳氮化物析出态的铌消除了固溶铌的不利影响，且析出物可为铁素体相变提供合适的形核位置，因此，析出态铌促进了铁素体相变。目前，有关于钛在连续冷却相变过程中作用的研究报道不多见。

在低冷却速率下，铁素体相变之前有充分的时间发生析出物形核。关于铌和钛对连续冷却相变的影响是存在相似之处。第一，优先形核的(Nb,Ti)C 消耗了亚晶界、变形带边界处的畸变能，对亚晶和变形带内部的畸变能影响很小，导致铁素体相变驱动力降低，不利于铁素体相变。第二，(Nb,Ti)C 的优先析出降低了奥氏体中固溶碳、铌、钛含量，固溶铌含量的降低使得其溶质拖曳作用减弱，铁素体形核率提高，此外，固溶元素含量的减小导致过冷奥氏体稳定性降低，促进了铁素体相变。综合分析以上两方面作用，我们认为第二方面的影响效果更为明显，即(Nb,Ti)C 的优先析出促进了铁素体相变。但是，(Nb,Ti)C 的形核位置集中在原本可成为铁素体形核点的位置（亚晶界、变形带边界处），且这些形核点在铁素体形核过程中可有效切割奥氏体晶粒，起到细化铁素体晶粒的作用。因此，(Nb,Ti)C 的优先形核是不利于细化铁素体晶粒的。

图 1-14 示出的是不同冷速下的铁素体晶粒平均晶粒尺寸和 A_{r3} 点。铁素体晶粒尺寸的变化受到两方面因素的影响：第一，随着冷却速率的增大，变形带及亚晶等缺陷上析出物形核行为受到抑制，奥氏体固溶铌、碳、钛含量明显增加，铁素体形核与长大困难，铁素体体积分数及晶粒尺寸均明显降低。第二，随冷却速率的增大，铁素体相变开始点 A_{r3} 明显降低，相变驱动力增大[41]，根据式（1-8）[42]可知 A_{r3} 的降低导致相变后铁素体晶粒尺寸 d 明显减小。

$$d = [f \cdot \exp(B - E/A_{r3})]^{1/3} \tag{1-8}$$

式中　f——铁素体体积分数,%；

　　　B——与相变前奥氏体晶粒尺寸相关的参数；

　　　E——系数，K。

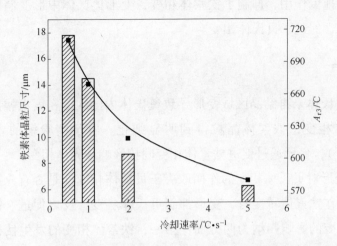

图 1-14 不同冷却速率下的铁素体晶粒尺寸和 A_{r3}

图 1-15 示出的是冷却速率为 25℃/s 时变形实验钢的精细组织（变形量 40%，冷却开始温度 900℃）。由图可见，由于冷却速率快，高温停留时间短，(Nb,Ti)C 已经不能析出，在贝氏体铁素体中已不能观察到析出物，即合金元素铌和钛以固溶态存在。合金元素的固溶提高了奥氏体稳定性，使得奥氏体在更低的温度发生贝氏体相变。此外，固溶铌对奥氏体/铁素体相界的迁

a   b

图 1-15 冷却速率为 25℃/s 时的精细组织

a—贝氏体；b—贝氏体内无析出

移产生强烈拖曳作用，抑制了铁素体相变，变形奥氏体中形变储能完全用于贝氏体相变，促进了贝氏体相变。

1.2.4 小结

（1）奥氏体未再结晶区域变形导致奥氏体内的缺陷密度大幅度增加，促进了铁素体相变，铁素体晶粒得到明显细化。由于实验钢的含碳量较低（C<0.12%），变形通过促进铁素体相变间接影响珠光体相变。

（2）变形对贝氏体相变的作用取决于贝氏体相变前是否有先共析铁素体析出，当存在铁素体转变时，变形抑制贝氏体相变，反之促进。铁素体相变对贝氏体相变的影响归纳为两方面：第一，铁素体相变的发生使得系统自由能降低，晶界、位错、变形带等非均匀形核位置数量降低，导致贝氏体相变难以发生；第二，铁素体相变引起其周围的奥氏体富集碳、铁、合金元素原子，过冷奥氏体稳定性提高，贝氏体相变滞后。

（3）微合金元素铌和钛在组织中的存在方式有两种，一种是固溶态，另一种是碳化物或碳氮化物析出态。固溶态铌在 γ/α 相界面强烈偏聚，大幅度降低晶界能，抑制铁素体相变；固溶铌和钛提高奥氏体稳定性，促进贝氏体相变。(Nb,Ti)C 领先于铁素体形核时，促进铁素体相变，但不利于铁素体晶粒细化。

1.3 (Nb,Ti)C 的析出行为及热稳定性研究

在超高强汽车用钢中，微合金元素的析出物扮演着重要角色，它们对细化和强化基体组织起着不可替代的作用，因而如何细化析出物尺寸使之纳米化是钢铁材料的重要研究发展方向。析出过程可能发生在相变前的变形奥氏体中、奥氏体相变过程中、相变后的铁素体或贝氏体中。迄今为止，有关于微合金碳氮化物在奥氏体中的析出行为已有大量的文献报道，研究者通过直接观察法、硬度法、电阻法、应力松弛法、间断压缩法等跟踪监测析出物的形核和长大过程，建立了部分微合金碳化物的析出动力学曲线（Precipitation-Temperature-Time，PTT 曲线），较为系统地研究了奥氏体中的应变诱导析出行为[31~33]。但是关于纳米级析出物在奥氏体相变过程中或相变之后的析出行为尚未得到系统研究。以往研究已表明，相间析出和低温区析出可显著细化

析出物尺寸，大幅度提高钢材强度，但在关于沉淀析出与铁素体相变、贝氏体相变之间的影响机制方面仍有很多工作可做，这部分研究工作将为精确控制纳米级析出物提供重要的理论支撑。

基于上述考虑，本项研究工作利用热力模拟实验技术，综合运用金属薄片样品电镜观察法和萃取碳复型样品电镜观察法，系统地研究了纳米级析出物（Nb,Ti）C 在连续冷却过程、等温过程中的析出行为，揭示了沉淀析出与铁素体相变、贝氏体相变之间的影响机制，确定了（Nb,Ti）C 的析出峰值温度。通过系列热处理实验讨论了纳米级析出物（Nb,Ti）C 的热稳定性。

1.3.1　实验材料及方法

实验材料选取 780MPa 级大梁钢，具体化学成分列于表 1-1。在实验室的加热炉对锻坯进行 1250℃再加热，并保温 1h，在 ϕ450 二辊可逆式热轧实验机上经过 5 道次或 7 道次轧至 12mm 和 5mm，轧后冷却方式为空冷。之后对 12mm × 12mm × 170mm 的试样进行机械加工及线切割获得热模拟实验所需试样，试样尺寸为 ϕ8mm × 15mm，热模拟实验在 MMS-300 热力模拟实验机上完成。5mm 厚钢板用于研究（Nb,Ti）C 热稳定性的热处理实验。

对第 1 节中以不同冷却速率冷至 200℃以下的热模拟试样进行分析，具体的热模拟工艺见图 1-5，冷却速率分别为 0.5℃/s，1℃/s，2℃/s，5℃/s，10℃/s，15℃/s，20℃/s，25℃/s。

通过热力模拟实验研究等温温度对（Nb,Ti）C 析出行为的影响，具体的工艺路线如图 1-16 所示。其中，（1）DQ1：以 10℃/s 的加热速率升至 1270℃，保温 300s 后直接淬火；（2）DQ2：在未淬火的 DQ1 工艺基础上，以 10℃/s 的冷却速率冷却至 950℃，保温 10s 后直接淬火；（3）DQ3：在未淬火的 DQ2 工艺基础上，在 950℃施加真应变为 1.0 的压缩变形，压缩后立即淬火；（4）DQ（T）：在未淬火的 DQ3 工艺基础上，以冷却速率 v 冷至不同的等温温度，并等温 1h 后直接淬火，T 代表不同的等温温度。冷却速率 v 需根据连续冷却过程中析出行为的研究结果设定，进而保证冷却过程中不发生（Nb,Ti）C 析出。

图 1-17 示出的是纳米析出物（Nb,Ti）C 热稳定性实验工艺。热处理样品

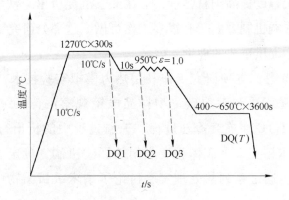

图 1-16 等温析出行为研究方法

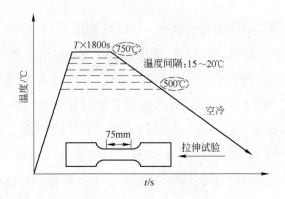

图 1-17 （Nb,Ti）C 热稳定性研究方法

为热轧后空冷的 5mm 厚钢板，将样品分别升温至 500℃，520℃，540℃，560℃，580℃，600℃，620℃，640℃，660℃，680℃，700℃，715℃，730℃，并保温 30min 后空冷至室温。样品的拉伸性能测试利用了三思公司 10t 多功能拉伸试验机。

利用线切割机将热模拟试样沿焊接热电偶一侧的径向剖分，经机械研磨及抛光后在 4% 硝酸酒精溶液中腐蚀，应用 LEICA-DMIRM 多功能光学显微镜和 FEI Quanta 600 扫描电镜对显微组织进行观察。样品的微细组织及析出物观察采用 FEI Tecnai G^2 F20 场发射透射电子显微镜，样品类型包含金属薄片试样（确定析出物与基体之间的位向关系及析出位置等）、萃取碳复型试样（观察析出物尺寸分布、确定 10nm 左右析出物的化学成分），透射电镜的加速电压取 200kV。φ3mm 金属薄片试样采用 TenePol-5 型电解双喷仪在 6% ~ 9% HClO$_4$ + C$_2$H$_5$OH 溶液中双喷减薄出一定范围的可观测薄区。萃取碳复型试样制备流程：样品制备（抛光后 4% 硝酸酒精溶液腐蚀出晶界）→喷碳覆膜（碳膜在肉眼下呈金黄色）→化学溶解脱膜（7% 硝酸酒精溶液）→碳膜的捞取及处理（专用铜网）。利用 Image-Proplus 软件对组织中的纳米级析出物进行统计分析。利用 HV-50A 维氏硬度计进行试样宏观硬度测定，试验力为 10kg，每个试样的硬度值取 5 个点的平均值。

1.3.2 连续冷却过程(Nb,Ti)C 析出行为的实验结果与分析

图 1-18 给出了未变形实验钢在不同冷却速率下的析出物分布情况，开始冷却温度均为 900℃。由图可见，当冷却速率为 0.5℃/s 时，实验钢的析出物尺寸大多数在 20nm 以上，析出物平均直径在 40 ~ 50nm 之间。当冷却速率提高至 10℃/s 时，析出物尺寸大多数在 30nm 以下，析出物平均直径在 20 ~ 30nm 之间。

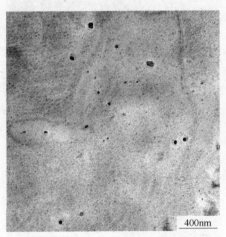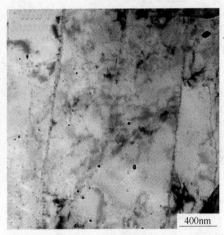

图 1-18 未变形实验钢在不同冷速下的析出物

a—0.5℃/s；b—10℃/s

图 1-19 示出的是变形实验钢在不同冷却速率下的析出物分布情况，变形量为 40%，变形温度及开始冷却温度均为 900℃。随着冷却速率的变化，析出物的形核位置、析出尺寸及数量均发生着明显的变化。由图 1-19a 和图

1-19b可见，当冷却速率为0.5℃/s和2℃/s时，(Nb,Ti)C的主要形核位置为变形奥氏体中形变带、亚晶界缺陷处，并且在原奥氏体中亚晶晶界附近存在一条无(Nb,Ti)C析出带，我们将其定义为(Nb,Ti)C-depleted PFZ（Precipitate Free Zone）。由图 1-19c 和图 1-19d 可见，当冷却速率提高至5℃/s和10℃时，(Nb,Ti)C的主要形核位置为铁素体或贝氏体铁素体基体中的位错，并且无(Nb,Ti)C-depleted PFZ出现。因而，随冷却速率的增大，(Nb,Ti)C的形核位置由原奥氏体中形变带和亚晶界形核向铁素体或贝氏体铁素体基体内形核过渡。

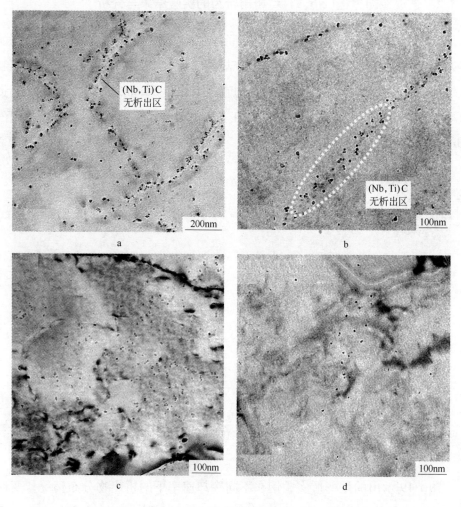

图 1-19　变形实验钢在不同冷却速率下的析出物

a—0.5℃/s；b—2℃/s；c—5℃/s；d—10℃/s

图 1-20 示出的是不同冷却速率下析出物尺寸的统计结果。由图可见，当冷却速率为 0.5℃/s 和 2℃/s 时，45% 左右的析出物尺寸在 10nm 以上，55% 左右的析出物尺寸在 10nm 以下；而当冷却速率提高至 5℃/s 时，95% 以上析出物尺寸在 10nm 以下。图 1-21 给出了不同冷却速率下每平方微米内析出物的个数。当冷却速率为 0.5℃/s 及 2℃/s 时，每平方微米内析出物个数分别为 211 个和 73 个；当冷却速率为 5℃/s 和 10℃/s 时每平方微米内析出物个数分别为 281 个和 50 个；而当冷却速率达到 15℃/s 时，组织中观察不到析出物。因而，不论析出物是在奥氏体区析出还是铁素体区析出，析出物数量均随冷却速率的提高而减少。

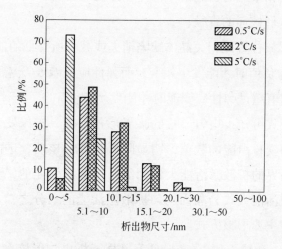

图 1-20 不同冷却速率下的析出物尺寸统计分析

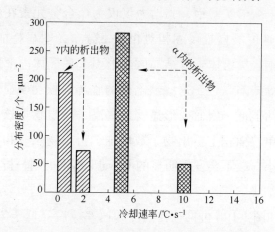

图 1-21 不同冷却速率下的每平方微米内析出物个数

沉淀析出属于一种典型的扩散型固态相变。析出物形核包括均匀形核和非均匀形核。式（1-9）和式（1-10）分别为均匀形核和非均匀形核系统自由能的变化[44]。

$$\Delta G_1 = \frac{1}{6}\pi d^3 \Delta G_V + \frac{1}{6}\pi d^3 \Delta G_{EV} + \pi d^2 \sigma \qquad (1\text{-}9)$$

$$\Delta G_2 = \frac{1}{6}\pi d^3 \Delta G_V + \frac{1}{6}\pi d^3 \Delta G_{EV} + \pi d^2 \sigma - \Delta G_D \qquad (1\text{-}10)$$

式中　σ——新相与母相界面的比界面能；

　　ΔG_V——单位体积的相变自由能；

　　ΔG_{EV}——新相形成时引起的单位体积弹性畸变能；

　　d——球形核坯的直径；

　　ΔG_D——形核位置处相关晶体缺陷消失或减少所降低的能量。

由于 ΔG_V 为负值时才能发生相变，而弹性应变能 ΔG_{EV} 总是正值，故只有当相变自由能数值超过弹性应变能时才能发生相变。

对比两个公式可知，均匀形核的临界形核功大，难以发生形核。而 ΔG_D 相当于提高了相变自由能的数值，明显降低临界形核功，进而显著提高形核率。此外，沿晶界的扩散激活能大致为晶内扩散激活能的二分之一，而沿位错管道的扩散激活能大致为晶内均匀扩散激活能的三分之二。因而非均匀形核是沉淀析出的主要形核方式。

对比图 1-18a 和图 1-19a，变形显著提高了析出物形核率，并且细化了析出物尺寸。对于未变形实验钢，驱动力仅仅为微合金元素在奥氏体中过饱和驱动力[45]，析出速度缓慢且尺寸相对粗大，分布无明显特征，析出密度低。而对于变形实验钢，奥氏体未再结晶区变形引起奥氏体内部形成大量的变形带、亚晶、位错等缺陷[46,47]，这些缺陷处的临界形核功明显偏低，且原子在缺陷上的扩散激活能低，因而变形显著地提高了析出物形核率。而析出物形核率提高等价于单位面积上析出物个数增加，析出物尺寸相差不大，析出物之间浓度梯度较小，故不会发生明显的 Oswald 熟化机制，析出物尺寸相对于未变形实验钢的细小。

由图 1-19a 和图 1-19b 可见，在当冷却速率缓慢（低于 2℃/s）时，在变形实验钢的原奥氏体亚晶界附近出现无(Nb,Ti)C 析出带，而在未变形实验钢在整个冷却速率范围内均未出现无析出带。因而，这种无析出带的形成是与变形密切相关的。析出物的非均匀形核包含三种情况：界面形核（界面形核、界棱形核、界隅形核）、位错形核、空位形核。有关于界面形核及位错形核的形核功、形核率等研究报道相对较多，而由于空位很难直接观测到，因而有关于析出在空位处形核的机理尚不清楚。

空位是一种晶体点缺陷，对晶体的塑性变形、力学性能和扩散行为有重要影响。晶体中原子存在能量起伏，获得较大能量的原子克服周围原子的束缚作用，从平衡位置迁移到晶体表面或点阵间隙中，就在原来的位置形成空位。因此，空位是热力学稳定的晶体缺陷。塑性变形会大幅度提高金属内部的过饱和空位浓度。由于空位可以补偿析出形核时引起的部分体积膨胀而降低弹性应变能 ΔG_{EV}，因而存在过饱和的空位浓度是有利于析出形核的。

晶界或亚晶界是过饱和空位的主要陷阱。然而空位的扩散活性很高，在晶界及其附近区域难免会失掉一些空位，导致晶界处的空位浓度低于析出物形核所需要的临界空位浓度，导致晶界附近无法发生析出物形核，形成晶界附近无析出带[48]。图 1-22 给出了晶界附近无析出带（PFZ）的形成示意图。在冷却过程中，晶界附近的空位逐渐扩散到晶界上并且被快速湮灭，使得晶界附近区域的空位浓度低于析出物形核所需要的临界空位浓度（critical vacancy supersaturation），导致降低弹性应变能 ΔG_{EV} 的程度有限而无法形核。由于空位扩散受到温度的影响，冷却速率越慢，相当于高温区间停留时间长，空位有充分时间发生扩散与湮灭，则形成较宽的晶界无析出带；而当冷却速

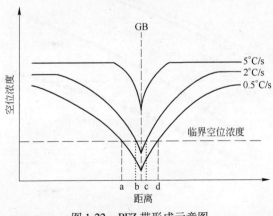

图 1-22　PFZ 带形成示意图

率提高时，空位扩散活力降低或消失，无析出带宽度减小甚至消失。实验结果表明，冷却速率为 0.5℃/s、1℃/s、2℃/s 及 5℃/s 时 (Nb,Ti)C-depleted PFZ 带宽度分别为 46.9nm、30.2nm、28.1nm 及 0nm，这种变化规律证实了上述观点。

S. Takashi 等[49]在所开发的高强度镀锌板 SFG Hiten 中利用 PFZ 带有效地降低了钢板的屈服强度，使钢板具有低的屈强比，高的加工硬化能力。对于所开发的超高强汽车板而言，需要高屈服强度来保证其不易发生塑性变形且具有高疲劳强度，因而应通过提高冷却速率来抑制 (Nb,Ti)C-depleted PFZ 带的形成。

1.3.3 等温过程 (Nb,Ti)C 析出行为的实验结果与分析

1.3.3.1 不同淬火工艺下的析出物

为保证 (Nb,Ti)C 在低温铁素体或贝氏体区析出，必须保证冷却至所需温度之前无 (Nb,Ti)C 析出。上节分析已表明，当冷却速率达到 15℃/s 时可完全抑制 (Nb,Ti)C 在冷却过程中析出。因而，图 1-16 中所指的冷却速率 v 取 15℃/s。

图 1-23 给出了铌和钛的碳化物或氮化物在奥氏体区中的固溶度积[44]。由图可见，在奥氏体中，四种析出物中 TiN 具有最低的固溶度积[50]，NbN

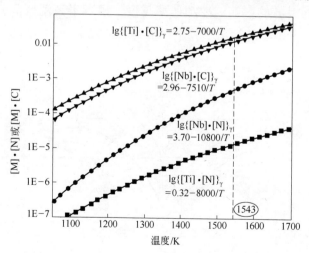

图 1-23 铌和钛的碳化物或氮化物在奥氏体中固溶度积

次之[51]，NbC 和 TiC 最高[52,53]。由于 TiN 和 NbN 均能在较高的温度开始析出，因而能在一定程度上起到阻碍奥氏体晶粒长大的作用。而对于 NbC 和 TiC 而言，高温下多以固溶态存在，这将使得在低温铁素体区可能析出的粒子数量增多，起到强烈的析出强化效果。因而，若保温温度低于全固溶温度，组织中将会形成一定量大尺寸第二相，从而降低此后的析出强化效果，且大尺寸析出物会对钢材的成型性、韧性及疲劳性能产生较大的危害。

根据固溶度积公式对四种析出物的全固溶温度进行了计算，公式如下：

$$T_{AS} = \frac{B}{A - \lg(M \cdot X)} \tag{1-11}$$

式中 T_{AS}——全固溶温度,℃；

A，B——固溶度积公式中的常数；

M，X——M、X 元素在钢中的质量分数,%。

四种析出物的理论全固溶温度列于表1-2。可见 NbC 和 TiC 的全固溶温度基本相同，在1200℃左右，而 TiN 的全固溶温度达到2000℃以上，NbN 的全固溶温度为1220℃左右。

表1-2 析出物的理论全固溶温度

析出物	TiN	NbN	NbC	TiC
T_{AS}/℃	2210	1222	1176	1201

图1-24 示出的是不同淬火工艺下的透射照片。由图 1-24a、1-24b、1-24c可见，由于淬火温度高于奥氏体平衡转变开始温度 A_{e3}（830℃），因而三个淬火工艺下的显微组织均为板条马氏体。由于铌和钛的碳氮化物具有很高的回溶温度，因而在马氏体板条束中观察到极少量的尺寸在几百纳米的粗大析出物，能谱分析结果表明其成分为（Nb,Ti）CN，如图 1-24e 和图 1-24f 所示。但在马氏体板条束内不存在细小的 TiC、NbC 或（Nb,Ti）C 析出物，如图 1-24d 所示，即在开始冷却前组织中不存在这类细小析出物。（Nb,Ti）CN未能完全溶解可能是由于热模拟实验保温时间 300s 较短和复合析出物热稳定性高。

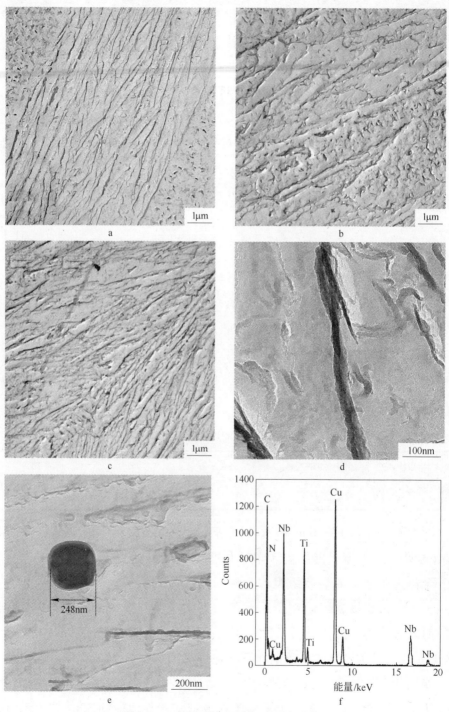

图 1-24　不同工艺下透射组织及析出物

a—DQ1；b—DQ2；c—DQ3；d—马氏体板条内部；e—粗大析出物；f—(Nb,Ti)(C,N)EDX 分析

1.3.3.2 不同等温温度下的显微组织

图 1-25 示出的是不同等温温度下的显微组织。图 1-26 给出了不同等温温度下的精细组织。当等温温度为 650℃时，淬火后的显微组织为铁素体（F）和马氏体（M），如图 1-25a 所示。没有观察到珠光体（P），这表明此时过冷奥氏体很稳定，难以发生共析分解而转变为珠光体组织。在 650℃等温时，不发生珠光体转变的原因可归纳为三个方面：（1）过冷奥氏体优先发生铁素体相变，碳原子向铁素体周围的奥氏体扩散，增加了奥氏体的稳定性；（2）实验钢中的铌和钛通过推迟共析分解时碳化物的形成来提高过冷奥氏体的稳定性，进而阻碍共析分解形成珠光体；（3）实验钢中锰的添加形成含锰的合金渗碳体（Fe，Mn)$_3$C，由于锰的扩散速度慢，进而阻碍共析碳化物的

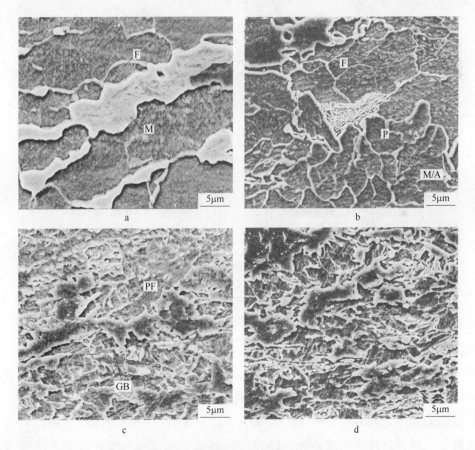

图 1-25　不同等温温度下的显微组织

a—650℃；b—600℃；c—550℃；d—400℃

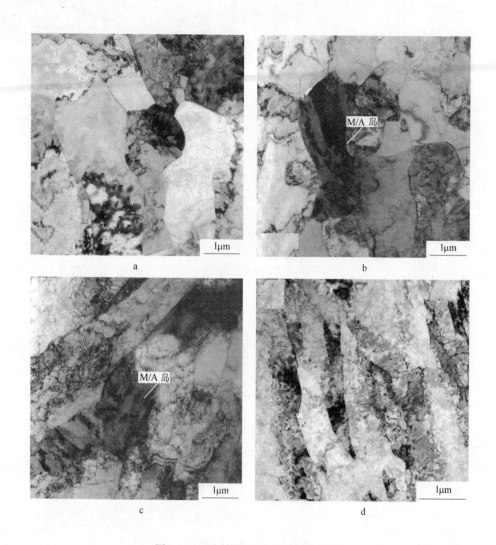

图 1-26　不同等温温度下的精细组织

a—600℃铁素体；b—600℃铁素体及 M/A 岛；c—550℃贝氏体铁素体及 M/A 岛；d—400℃贝氏体

形成，同时，锰可以起到稳定奥氏体并推迟 γ→α 转变的作用，间接的抑制了珠光体转变。当等温温度降低至 600℃时，淬火后的显微组织为铁素体（F）、珠光体（P）和铁素体晶界上分布的 M/A 岛，如图 1-25b、图 1-26a 所示。铁素体相变属于扩散型相变，相变速度受到扩散系数的影响，等温温度越高，扩散系数越大。与 650℃相比，碳原子、铁原子和替换原子的扩散速度均有所降低，铁素体周围的过冷奥氏体稳定性降低，因而部分奥氏体转变为珠光体，剩余稳定性较高的过冷奥氏体在随后的淬火过程中转变为内部呈孪晶结构的 M/A 岛，如图 1-26c 所示。当等温温度降低至 550℃以下时，显微组织为先共析铁素体（PF）和粒状贝氏体（GB），图 1-25c 和图 1-25d，贝氏体铁素体间分布着条状 M/A 岛。等温温度在 400～550℃时，所有元素的扩散速度均显著降低，只有碳原子能够长程扩散，铁原子和替换原子的扩散速度极慢。此时过冷奥氏体的相变机制已不是以扩散相变为主，而是以切变-扩散整合机制为主，因而组织中出现大量的粒状贝氏体组织。

1.3.3.3 不同等温温度下的析出物

图 1-27 给出了不同等温温度下析出物的分布情况（萃取碳复型试样），图中弥散分布的黑色细小颗粒为纳米级析出物（Nb,Ti）C。利用 Image-Proplus 软件对组织中的纳米级析出物进行统计分析，获得不同等温温度下析出物的

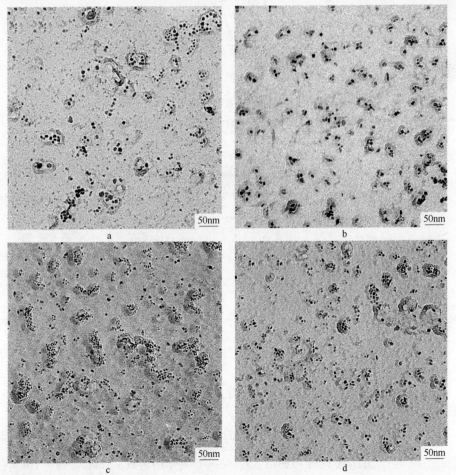

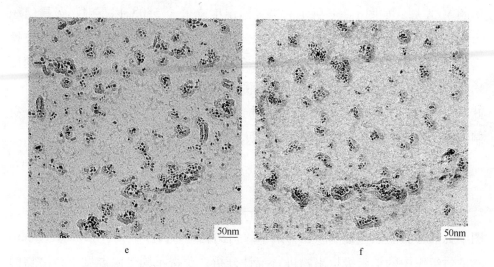

图 1-27　不同等温温度下析出物分布

a—650℃；b—600℃；c—550℃；d—500℃；e—450℃；f—400℃

分布密度及各个尺寸范围所占比例，如表 1-3 所示。

表 1-3　等温温度对分布密度及所占比例的影响

等温温度	0~5nm			5.1~10nm		
DQ(T)/℃	$D_{0\sim5nm}$/个·μm^{-2}	$f_{0\sim5nm}$/%	$P_{0\sim5nm}$	$D_{5.1\sim10nm}$/个·μm^{-2}	$f_{5.1\sim10nm}$/%	$P_{5.1\sim10nm}$
650	740	60.3	44622	380	35.3	13414
600	837	64.5	53987	401	31.7	12712
550	1138	75.1	85464	363	22.7	8240
500	890	69.3	61677	330	28.4	9372
450	918	78.7	72247	321	15.9	5104
400	959	80.5	77200	224	17.1	3830

表中各个参数的含义及计算方法如下：

$$D_i = \frac{N_i}{A} \tag{1-12}$$

$$f_i = \frac{N_i}{N_{total}} \tag{1-13}$$

$$P_i = D_i \times f_i \tag{1-14}$$

式中　　D_i——析出物的分布密度，个/μm^2，i 分别为 0~5nm、5.1~10nm；

N_i——每张照片中 i 尺寸范围内析出物数量，个；

A——所统计照片的面积，μm^2；

N_{total}——每张照片中析出物总数量，个；

f_i——i 尺寸范围内析出物所占比例，%；

P_i——i 尺寸范围内析出物的分布密度与所占比例的乘积，直观反映析出情况。

由表 1-3 可见，在整个等温范围内，10nm 以下析出物所占比例在 95% 以上。当等温温度为 650℃ 和 600℃ 时，每平方微米面积内 0~5nm 范围内的析出物个数低于 850 个，所占比例低于 65%；而等温温度为 550℃ 时，0~5nm 范围内的析出物个数达到 1138 个，所占比例达到 75%；随着等温温度的降低，0~5nm 范围内的析出物个数有一定程度的降低，在 920 个左右。由图 1-28 中可以更为直观地看出，在该实验工艺条件下，550℃ 是纳米尺度 (Nb,Ti)C 的析出峰值温度，每平方微米面积内析出粒子数量最大，这与 T. Kashima 等[1]研究 TiC 析出峰值温度结果有相似的变化规律。

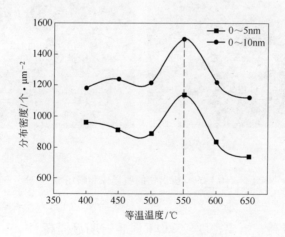

图 1-28　等温温度对分布密度的影响

图 1-29 示出的是不同等温温度下析出物的明场像及暗场像。由图可见，当等温温度为 650℃ 时，析出物的分布规律与连续冷却转变中低冷却速率时析出物的分布规律相似，析出物沿着原奥氏体晶界内亚晶、变形带形核，对比图 1-29a 和图 1-19a 可知，等温条件下的析出物尺寸更为细小，95% 以上析出物尺寸在 10nm 以下。当等温温度为 550℃ 时，贝氏体铁素体的晶内析出物

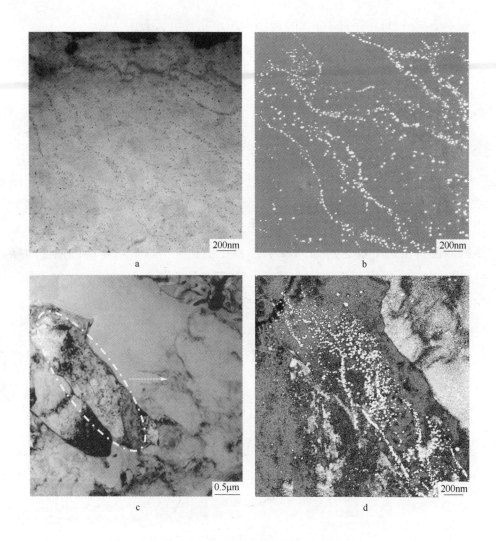

图1-29 析出物的明场像和暗场像

a，b—650℃；c，d—550℃

非均匀形核率极高，析出密度较650℃时也有明显提高。

1.3.3.4 讨论

铁素体相变、沉淀析出均属于扩散型相变，而贝氏体相变则属于切变-扩散整合相变。第2.5.2节中已指出，当析出相变领先于铁素体相变时，纳米尺度(Nb,Ti)C的快速析出在某种程度上促进了铁素体相变。而在等温析出过程中，由于冷却速率达到15℃/s，有效地抑制了在冷却过程中发生铁素体相变和析出相变。在较高温度（600~650℃）等温时，铁素体相变与沉淀析出几乎同时进行，那么两种相变行为之间存在着怎样的影响机制？在较低温度（550~400℃）等温时，贝氏体相变在冷却过程或等温过程中很短时间内完成，领先于沉淀析出，那么这两种相变行为之间又存在着怎样的关系？这两个问题是我们研究(Nb,Ti)C 等温析出行为的重要问题。

对于扩散型相变，形核率受到两个方面的影响：其一，形核点数量。由于均匀形核的临界形核功很大，非均匀形核的临界形核功小甚至为零，使得非均匀形核成为形核的主要方式。亚晶界、位错、变形带等缺陷是非均匀形核位置的主要组成部分。其二，原子扩散能力的大小，即原子扩散系数的大小，扩散系数与温度之间存在增函数关系，扩散系数随温度的降低而减小，但各种元素的扩散系数对温度的敏感程度不同。式（1-15）、式（1-16）、式（1-17）分别为碳原子、铌原子和钛原子在铁素体中的扩散系数[44]。

$$D_C = 6.2 \times 10^{-3} \exp\left(-\frac{80000}{RT}\right) \quad (350 \sim 850℃) \tag{1-15}$$

$$D_{Nb} = 50.2 \exp\left(-\frac{252000}{RT}\right) \tag{1-16}$$

$$D_{Ti} = 8.6 \times 10^{-6} \exp\left(-\frac{150000}{RT}\right) \quad (690 \sim 880℃) \tag{1-17}$$

式中　D——扩散系数，cm^2/s；

　　　R——理想气体常数，$J/(mol \cdot K)$，取值为 8.13441；

　　　T——绝对温度，K。

以 700℃ 为例，碳原子、铌原子、钛原子的扩散系数分别为 $3 \times 10^{-7} cm^2/s$、$1.49 \times 10^{-12} cm^2/s$、$7.6 \times 10^{-14} cm^2/s$，碳原子的扩散系数明显高于铌和钛的扩散系数，故沉淀析出的形核率更大程度上取决于铌原子和钛原子的扩散能力。

从元素扩散角度分析，铁素体相变实质上为碳原子、铁原子、合金元素原子由过冷奥氏体向外扩散的过程，铁素体的形成导致其周围过冷奥氏体形成元素富集区，过冷奥氏体稳定性明显提高，而合金元素铌和钛在奥氏体中的溶解度明显大于铁素体中溶解度，以固溶形式存在于过冷奥氏体中，难以发生沉淀析出。因而，铁素体相变抑制了沉淀析出。然而，当(Nb,Ti)C 沿着过冷奥氏体亚晶界、变形带形核析出时，消耗了奥氏体中的溶质原子，降低了奥氏体稳定性，使得铁素体相变更容易发生，却在一定程度上促进了铁素体相变。

当等温温度低于550℃时，由于等温温度降低，原子扩散能力明显下降，扩散控制型的铁素体相变显著受到抑制，从而过冷奥氏体在低温下发生贝氏体相变。贝氏体相变不是，而是介于铁素体扩散型相变马氏体无扩散型相变之间的"半扩散相变"，依靠碳原子扩散控制来完成贝氏体转变，不依赖于铁原子和替换原子的扩散。在合金结构钢中，贝氏体铁素体往往在0.5s至数秒内形成，比在高温区的先共析铁素体的析出速度还要快[34]。而沉淀析出属于一种扩散型相变，要依靠碳原子、铌原子和钛原子的扩散，因而，我们认为在等温温度低于550℃时贝氏体相变领先于沉淀析出发生，即贝氏体相变与沉淀析出是分离的。

贝氏体相变对沉淀析出的影响可归纳为以下两个方面：第一，贝氏体相变有效地冻结了变形奥氏体中的缺陷，为等温过程中的沉淀析出提供了更多的形核位置；第二，贝氏体相变由于体积膨胀而形成额外的位错，提高了相变后组织中的位错密度，更有利于析出物的非均匀形核。此外，随着等温温度的降低，微合金元素铌和钛的过饱和程度逐渐增大，即过饱和驱动能随等温温度的降低而增大，促进沉淀析出。因而，在贝氏体区等温过程中，(Nb, Ti)C在贝氏体内部大量的位错线上形核，参照图1-29可知，贝氏体内部的形核密度明显高于铁素体内部的形核密度。

由图1-28可见，等温温度在400~550℃范围内，随着等温温度的降低，每平方微米面积内析出物的个数明显降低。由于沉淀析出属于扩散型控制相变，析出物的形核率在很大程度上受到碳原子、铌原子和钛原子扩散速度的影响。根据式（1-15）、式（1-16）、式（1-17）可知，随着温度的降低原子的扩散能力逐渐减弱，析出物的形核率降低。参照图1-27和表1-4可知，尽管在整个等温温度范围内95%的析出物尺寸在10nm以下，但等温温度在650℃和600℃时，尺寸在5.1~10nm之间的析出物所占比例明显要高于等温温度低于550℃时的。析出物长大的快慢主要取决于溶质原子扩散的快慢，由于碳的扩散系数往往高出铌和钛几个数量级，因而，(Nb, Ti)C的长大主要受到铌原子和钛原子在钢中扩散的控制。在相对较高的等温温度，铌和钛的扩散能力强，析出物更容易长大；析出物长大消耗了溶质原子，也在一定程度上降低了单位面积上析出物的个数。在较低温度等温时，铌和钛的扩散能力均有所降低，析出物长大较为困难，故析出物尺寸更为细小。

1.3.4 (Nb,Ti)C 热稳定性的实验结果与分析

1.3.4.1 显微组织

图 1-30 示出的是不同热处理温度下的显微组织。由图可见，热轧板的组织形态为铁素体和珠光体，铁素体呈扁平状，珠光体具有明显的片层结构，如图 1-30a 所示。当热处理温度在 500 ~ 600℃ 区间时，铁素体仍呈扁平状，

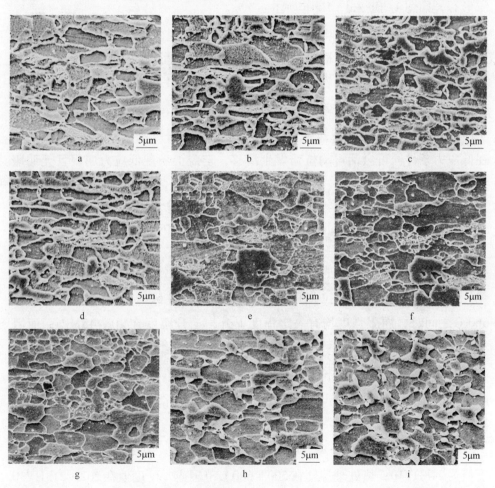

图 1-30　不同热处理温度下的显微组织

a—hot-rolled；b—500℃；c—600℃；d—620℃；e—640℃；

f—660℃；g—680℃；h—700℃；i—750℃

珠光体形貌变化不明显，如图 1-30b 和图 1-30c 所示；当温度达到 620℃时，珠光体中的渗碳体片开始发生溶穿和溶断，随着温度的升高，通过渗碳体尖角溶解，平面处长大逐渐形成球状；铁素体晶粒纵横比逐渐减小，甚至形成一定量的等轴状铁素体，如图 1-30d～g 所示。当温度超过 700℃时，组织中高碳组织发生部分奥氏体化，在保温过程铁素体逐渐向外排碳而趋于等轴，引起其晶界周围碳富集，奥氏体稳定性提高，在随后的冷却过程中形成 M/A 岛，M/A 岛呈表面浮突状弥散分布在铁素体三叉晶界处，为典型双相钢的组织形态，如图 1-30h 和图 1-30i 所示。

室温拉伸应力-应变曲线表明，热轧板和热处理温度低于 700℃时，拉伸过程中均出现屈服平台；而当温度在 700～750℃之间时，呈明显的连续屈服。产生这种现象的原因为：在 700℃以上热处理时，铁素体向周围奥氏体排碳，稳定奥氏体的同时净化铁素体，冷却过程中奥氏体转变成为马氏体过程中发生体积膨胀，导致其周围铁素体中可动位错密度明显增高；在拉伸变形中，在低应力条件便可激活可动位错发生滑移，宏观上出现低应力屈服且无屈服平台[54,55]。

1.3.4.2 力学性能及硬度

图 1-31 给出了热处理温度对屈服强度和抗拉强度的影响。由图可见，热轧板的屈服强度和抗拉强度分别为 510MPa 和 620MPa。温度在 500～660℃之间时，屈服强度均有一定程度上升，上升幅度在 20～45MPa；而温度在 700～750℃之间时，由于形成典型双相钢组织，屈服强度明显偏低，在 350MPa 左右。对于抗拉强度而言，在 500～680℃范围内，强度有所下降，下降幅度在 20～60MPa；温度在 700～750℃之间时，抗拉强度上升 30MPa 左右。

图 1-32 示出的是热处理温度对维氏硬度的影响。由图可见，热轧板的硬度值为 218HV10；热处理温度在 500～680℃范围内，硬度值在 202～213HV10 范围内，硬度值有一定程度的下降；温度在 700～750℃之间时，硬度值接近 230HV10。对比分析图 1-31 和图 1-32，硬度变化规律与抗拉强度变化规律呈现明显一致性[44]。

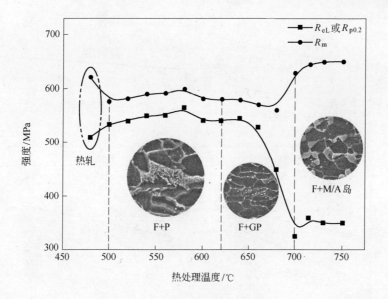

图 1-31　热处理温度对强度的影响

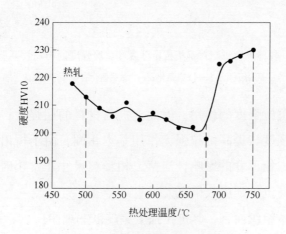

图 1-32　热处理温度对硬度的影响

1.3.4.3　分析与讨论

图 1-33 给出了各种强化机制对钢板抗拉强度和屈服强度的影响效果示意图[44]。由图可见，固溶强化提高抗拉强度与提高屈服强度的效果相近；位错强化在位错密度较低时可同时提高屈服强度和抗拉强度，而高位错密度时主要提高钢板的屈服强度而对提高抗拉强度作用较小；细晶强化提高屈服强度

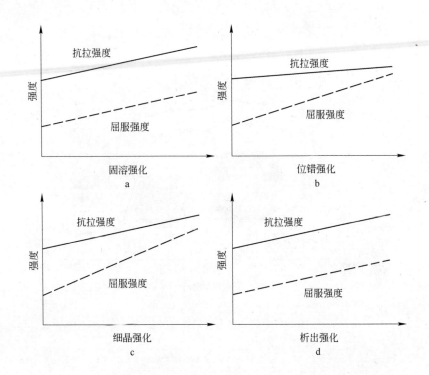

图 1-33　各种强化机制对钢板抗拉强度和屈服强度的影响效果示意图

a—固溶强化；b—位错强化；c—细晶强化；d—析出强化

的作用大于提高抗拉强度的作用，因此会提高材料的屈强比；析出强化在整体上对提高屈服强度与提高抗拉强度作用基本相同，由于析出强化受到第二相体积分数和第二相尺寸的影响，当第二相颗粒尺寸非常小时，其提高屈服强度的作用比提高抗拉强度效果更大一些[44]。

对于复相基本组织而言，其抗拉强度满足以下规律：

$$TS = f_{M1}TS_{M1} + f_{M2}TS_{M2} = f_{M1}TS_{M1} + (1 - f_{M1})TS_{M2} \qquad (1\text{-}18)$$

式中　TS_{M1}，TS_{M2}——M_1，M_2 基体相的抗拉强度；

f_{M1}，f_{M2}——M_1，M_2 基体相的体积分数。

而复相组织的屈服强度主要取决于基体中软相的屈服强度。

在系列热处理实验中，钢板屈服强度取决于组织中铁素体（F）的屈服强度，抗拉强度则取决于硬质相种类及其所占的体积分数。热处理实验中出现三种硬质相：M/A 岛、片层珠光体（P）及粒状珠光体（Granular Pearlite，简称 GP)，它们强度及硬度的大小关系为 M/A 岛 > P > GP，因此相应的抗拉强度变化规律为：700 ~ 750℃ 热处理钢板（F + M/A 岛）> 热轧板（F + P）> 500 ~ 680℃ 热处理钢板（F + GP）。

铁素体基体屈服强度可采用如下公式进行计算[56]：

$$\sigma_y = \sigma_{base} + \sigma_{dis} + \sigma_{ppt} \tag{1-19}$$

式中　σ_y, σ_{base}, σ_{dis}, σ_{ppt}——铁素体屈服强度、基体强度、位错强化增量、析出强化增量，MPa。

其中基体强度 σ_{base} 采用式（1-20）和式（1-21）进行计算：

$$\sigma_{base} = \sigma_0 + \left[15.4 - 30w(C) + \frac{6.09}{0.8 + w(Mn)} \right] d^{-1/2} \tag{1-20}$$

$$\sigma_0 = 63 + 23w(Mn) + 53w(Si) + 700w(P) \tag{1-21}$$

式中　　　　　　　　　σ_0——固溶强化增量，MPa；

$w(Mn)$, $w(Si)$, $w(P)$, $w(C)$——元素的百分含量，%；

d——铁素体晶粒尺寸，mm。

位错强化增量采用公式（1-22）计算：

$$\sigma_{dis} = \alpha MGb\rho^{1/2} \tag{1-22}$$

式中　α——常数，取值 0.3；

　　　M——平均泰勒因子，取值 3；

　　　G——剪切模量，取值 64GPa；

　　　b——柏氏矢量，取值 0.25nm；

　　　ρ——位错密度，m^{-2}。

析出强化增量可采用公式（1-23）计算：

$$\sigma_{ppt} = \frac{0.538Gbf_v^{1/2}}{X} \ln\left(\frac{X}{2b} \right) \tag{1-23}$$

式中　X——析出物平均直径，mm；

　　　f_v——析出物所占体积分数，%。

由上述公式可知，铁素体屈服强度反比于铁素体平均晶粒尺寸 d 和析出物平均直径 X，正比于位错密度 ρ 及析出物体积分数 f_v。随着热处理温度的升高，铁素体晶粒尺寸呈增大的趋势，故细晶强化效果会减弱。位错密度在保温过程中也会有一定程度的降低，故位错强化增量降低。而实验钢在 500 ~

660℃ 范围内屈服强度升高 20~45MPa，此时只能为析出强化贡献量有所提高导致的。析出强化贡献量提高原因是在 500~660℃ 温度区间发生 (Nb,Ti)C 的二次析出，且原有的析出物具有很好的热稳定性，进而使得析出强化贡献量提高，宏观上表现为实验钢屈服强度提高。表 1-4 列出了热处理过程中各种机制强度增量的变化。

表1-4　热处理过程中各种机制强度增量变化（500~660℃）

项　目	参数变化	强度增量 $\Delta\sigma$
基体强度 σ_{base}	$d\nearrow$	$\searrow$
位错强化增量 σ_{dis}	$\rho\searrow$	$\searrow$
析出强化增量 σ_{ppt}	$f_v\nearrow$；X 不变	$\nearrow$
铁素体屈服强度 σ_y	—	$\nearrow$

1.3.5　小结

（1）连续冷却转变过程中，变形提高了奥氏体中缺陷密度，促进了非均匀形核的发生，提高了析出物的形核率并细化了析出物尺寸；但析出物形核率也受到过冷度影响，尤其是对非均匀形核机制的影响更为明显。

（2）通过研究连续冷却过程中析出行为，发现了冷却速率小于5℃/s 时在原奥氏体亚晶界附近形成(Nb,Ti)C 无析出带，其宽度随冷却速率的提高而减小；当冷却速率达到15℃/s 时即可完全抑制析出物在冷却过程中形核。

（3）在等温析出过程中，沉淀析出受到形核驱动力和原子扩散能力的共同影响，导致(Nb,Ti)C 析出峰值温度点出现在550℃；系列等温热处理实验表明析出物在 500~660℃ 温度区间具有优良的热稳定性。

(Nb,Ti)C 的析出行为及热稳定性研究部分内容已经发表，见文献[57]。

1.4　超高强汽车板控轧控冷实验及组织性能分析

1.4.1　实验材料及实验方法

实验钢的化学成分（质量分数,%）为：0.1C，0.17Si，1.8Mn，

0.023Al, 0.15（Nb + Ti），Fe 余量。实验钢由真空感应炉熔炼，然后铸造成150kg 钢锭。40mm 厚的钢坯加热至 1200℃ 保温 1h，使得微合金元素充分回熔，然后空冷至 900℃。坯料经 ϕ450mm 试验轧机 7 道次轧制成 7mm 厚钢板，终轧温度为 800℃。钢板以 11 ~ 30℃/s 水冷至 450℃ ~ 570℃，随后在保温毡中缓冷至室温。控轧控冷工艺示意图及具体工艺参数如图 1-34 及表 1-5 所示。

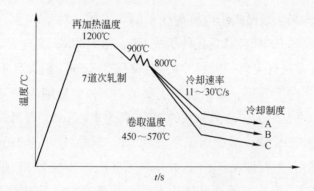

图 1-34   实验钢在三种不同冷却制度下的 TMCP 示意图

表 1-5   实验钢的冷却制度

编　号	冷却速率/℃·s^{-1}	卷取温度/℃
A	11	570
B	24	525
C	30	450

室温拉伸实验在电脑控制的拉伸机上进行，钢板切取成带红色氧化铁皮的狗骨头状试样，拉伸速率为 3mm/min。扩孔实验在万能试验机上进行。实验参数为：试样厚度 3mm，边长 100mm×100mm，中心孔径为 16.5mm，压边力为 30kN，凸模速率为 6mm/min，控制载荷为 2.5kN。

金相试样研磨抛光后经 4% 的硝酸酒精溶液腐蚀，利用 Leica DMIRM OM 及 FEI Quanta 600 SEM 观察。抛光后的试样经 lepera 试剂腐蚀 90s 后观察 M/A 岛，腐蚀剂由 2% 的焦亚硫酸钠（$Na_2S_2O_5$）水溶液和 4% 的苦味酸（$C_6H_2(NO_2)_3OH$）酒精溶液组成[58]。拉伸和扩孔的微裂纹分析在宏观裂纹附近进行。TEM 研究采用金属薄片试样，利用 FEI Tecnai G^2 F20 电镜观察，加速电压为 200kV。

1.4.2 实验结果及讨论

1.4.2.1 组织演变

实验钢 OM 显微组织及 M/A 岛形态如图 1-35 所示，SEM 显微组织形态如图 1-36 所示。开始冷却温度 800℃ 处于奥氏体单相区，由于在奥氏体未再结晶区大压下轧制，显微组织应该为变形的奥氏体。对于 A 钢，显微组织由粗晶多边形铁素体 PF 和粒状贝氏体组成 GB，粗大的 PF 甚至大于 10μm。GB 中的 M/A 岛粗大且有尖角，大尺寸的 M/A 岛达 3μm。粗大且不规则的渗碳体沿晶界形成。对于 B 钢，显微组织主要由 GB 和少量细晶 PF 组成，GB 和 PF 的晶粒尺寸约为 5μm。弥散粒状的 M/A 岛为 1~2μm。而且几乎避免了渗碳体的形成。对于 C 钢，显微组织主要为 GB。M/A 岛小于 1μm。不同冷却制度下的组织形态主要取决于相变动力学（奥氏体想变为 PF 或贝氏体铁素体）和 C 的扩散速率。当低冷却速率和高卷取温度时，冷却过程中 PF 在原

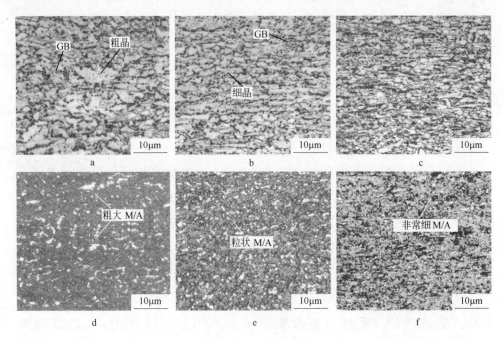

图 1-35 实验钢在三种不同冷却制度下的 OM 显微组织和 M/A 岛形态

硝酸酒精腐蚀：a—A 钢；b—B 钢；c—C 钢

M/A 岛 Lepera 腐蚀：d—A 钢；e—B 钢；f—C 钢

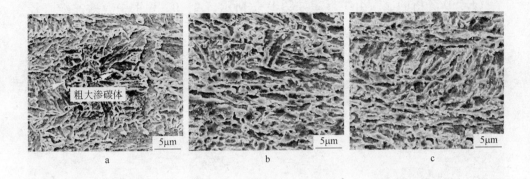

图 1-36　实验钢在三种不同冷却制度下的 SEM 显微组织

a—A 钢；b—B 钢；c—C 钢

奥氏体晶界形成，消耗部分变形储能和相变形核点。C 在奥氏体中的溶解度显著高于铁素体。而且，间隙 C 原子的扩散速率高于置换原子 Nb/Ti。当水冷过程中 PF 形成，未转变的奥氏体将会逐步地进行 C 富集，如图 1-36a 所示。而且由于低的过冷度，卷取过程中形成粗大 GB。当粒状贝氏体铁素体形成过程中，由于 570℃高扩散系数，C 含量在未转变奥氏体中不断升高，未转变奥氏体的稳定性增强，最终进入热力学上不可能发生相变的状态。当粗大的富 C 奥氏体冷却至马氏体相变开始温度时，部分相变成马氏体，形成粗大不规则形态的 M/A 岛[59,60]。因此，粗大的 M/A 岛处于 GB 中，而未发现 M/A 岛的区域为粗晶 PF，如图 1-35d 所示，大尺寸的 M/A 岛应该形成于临近 PF 的高 C 富集的奥氏体。对于 B 钢，在加速冷却过程中由于冷速提高几乎抑制了 PF 的形成。变形储能和形核点保留至卷取过程中。而且，由于过冷度的提高，增大了更多的相变驱动力和形核点。因此，细化了 GB 和 PF，提高了 GB 的比例。与 A 钢相比，贝氏体铁素体的相变速率提高，C 原子在 525℃的扩散速率降低，导致未转变奥氏体中的 C 含量减少，因此，未转变奥氏体稳定性降低，而且被更多更细小的贝氏体铁素体板条分割，因此未转变奥氏体变得细小且呈粒状[61~63]。因此，B 钢中的 M/A 岛细小弥散而且呈粒状，如图 1-35e 所示。进一步增大冷却速率降低卷取温度，450℃时 C 的扩散系数显著降低，而由于高过冷度奥氏体向贝氏体铁素体的相变速率增大。结果，未转变奥氏体由于低 C 含量而分解，因此 C 钢中的 M/A 岛非常细小，如图1-35f所示。

EBSD 分析的显微组织形貌如图 1-37 所示，A、B、C 钢中有效晶粒直径

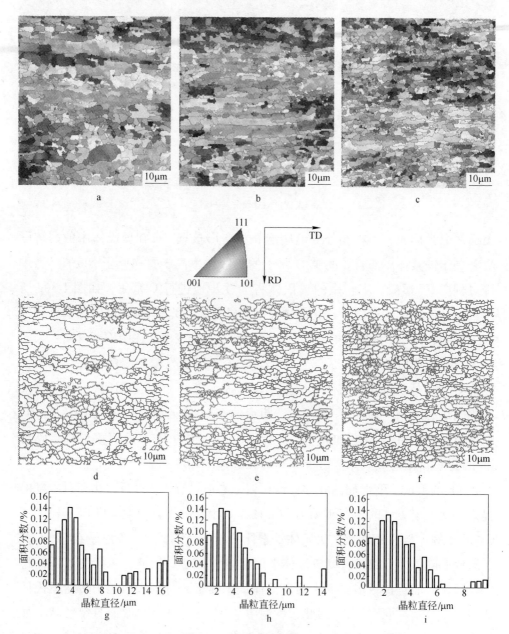

图 1-37 实验钢在三种不同冷却制度下的 EBSD 显微组织

相位关系：a—A 钢；b—B 钢；c—C 钢

晶界错配图：d—A 钢；e—B 钢；f—C 钢

晶粒直径分布柱状图：g—A 钢；h—B 钢；i—C 钢

分别为 6.1μm、4.5μm 和 3.2μm。高角度晶界通常被认为大于 15°，而且能够有效阻碍裂纹扩展。黑线代表高角度晶界，灰线代表低角度晶界。由于 A、B、C 钢中晶粒不断细化，单位面积内高角度晶界的全长增加。没有明显的织构变化。

TEM 显微组织形貌如图 1-38 所示。PF 的 TEM 形貌为长条状，在 GB 板条束中有一些亚板条，板条宽度随着冷却速率的提高及卷取温度的降低而减小。

图 1-38 实验钢在三种不同冷却制度条件下的 TEM 显微组织

a—A 钢；b—B 钢；c—C 钢

1.4.2.2 析出行为

图 1-39 为析出物的 TEM 形貌和典型析出物的 EDX 分析结果。A 钢中有三种析出物，最大尺寸为沿晶界分布的 30nm 析出物。基体上中等析出物尺寸为 15nm，基体内部也有少量 5nm 细小的析出物。EDX 分析表明析出物为 (Nb,Ti)C。4~6nm 规则析出物弥散地分布于 B 钢的基体中，而且未发现粗大的析出物。在 C 钢中析出物几乎难以发现。

基于著名的 Orowan-Ashby 模型，最近 Gladman[64,65] 提出，析出强化作用主要取决于给定滑移面平均粒子间距，对于随机分布的析出粒子，可以由随机选择观察面的平均间距替代[66]。而且，最为有效的粒子半径尺寸为可剪切/不可剪切转变点，大约 2.5nm[64]。形核包括新形成核坯前端的局部扩散。临界形核数取决于过冷度，原子的依附频率由局部扩散速率决定，因此在中等过冷度条件下形核速率最大。因此，PPT 曲线一般均为 C 型。而且析出物的体积和尺寸在低过冷度时大而在高过冷度时小。

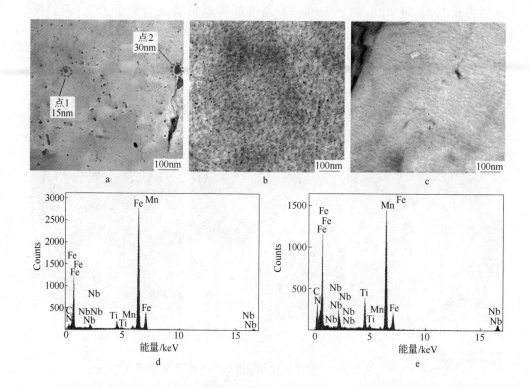

图 1-39 三种不同冷却制度下析出物的 TEM 形态和典型析出物的 EDX 分析结果

析出物形态：a—A 钢；b—B 钢；c—C 钢

EDX 分析结果：d—点 1；e—点 2

为了获得最佳析出硬化效果，析出物应该控制在纳米尺度范围内，因此，析出物的粗化过程需要严格控制，可以利用 Ostwald 熟化公式阐述[67]。D 与 C 随着温度提高呈指数增加[68~70]。因此，粗化速率随着温度提高得很快，应该避免高卷取温度。粗化驱动力也与细小粒子的界面能有关[71~73]。共格界面的表面能 γ 小于 0.2J/m^2，非共格界面在 $0.8 \sim 2.5\text{J/m}^2$ 之间[74]。

$$r^3 - r_0^3 = \left(\frac{8\gamma DCf^2}{9RT}\right)t^3 \tag{1-24}$$

式中　R——气体常数，J/(K·mol)；

　　　T——绝对温度，K；

　　　r——粒子半径，m；

　　　r_0——粒子的原始直径，m；

t——时间，s；

f——粒子的体积分数，m^3/mol；

γ——粒子的表面能，J/m^2；

D——扩散系数，m^2/s；

C——平衡态原子分数，mol/m^3。

总的来说，最佳析出强化效果的实现取决于多种综合因素。很明显，中等冷却制度最为适合。在 B 钢中，适合的过冷度产生高形核率和高的增长速率，而且适中的 Nb/Ti 原子扩散系数和溶解度确保了扩散控制的析出物长大。3～5nm 析出物与基体共格，小的界面能可以推迟粗化速率。因此，B 钢的析出物弥散规则呈纳米尺度。弥散的析出物具有适合的平均粒子间距以实现最佳析出强化效果。在 A 钢中，最大的析出物颗粒 30nm 水冷过程中形成于奥氏体/铁素体界面，界面处为析出物的优先形核点和原子扩散孔道。而且，Nb/Ti 微合金原子和形核点在卷取前已部分消耗。由于冷却速率低而导致过冷度不足，继而基体中的析出物不弥散，而且，在粗化过程中，大析出物吞并小析出物。大析出物半径归因于高卷取温度时高原子扩散系数和高溶解度。粗大的析出物的析出强化效果很弱。在 C 钢中，低卷取温度下析出行为几乎被抑制，Nb/Ti 置换原子几乎难以扩散。

1.4.2.3　力学性能

实验钢在不同冷却制度下屈服强度（$R_{p0.2}$），抗拉强度（R_m），伸长率（EL）和扩孔率（HE）如图 1-40 所示。$R_{p0.2}$ 分别为 665MPa，715MPa 和 725MPa，EL 分别为 19%，18% 和 18%，HE 分别为 45%，51% 和 46%。B 钢的综合力学性能满足 700MPa 级汽车轮辋用钢要求。

韧性断裂由空位形核机制产生，即在两相存在硬度差的界面处，继而空位增长，然后合并形成断裂面。由于粒子断裂或者与基体脱离，空位通常在脆和硬的第二相粒子处形核，在铁素体钢中，典型的第二相粒子为非金属夹杂物或渗碳体。但是在贝氏体钢中，马氏体/铁素体界面强度达到 2.4～2.5GPa，M/A 岛应着重考虑。在拉伸和扩孔过程中，M/A 岛引起的断裂过程如图 1-41 所示。

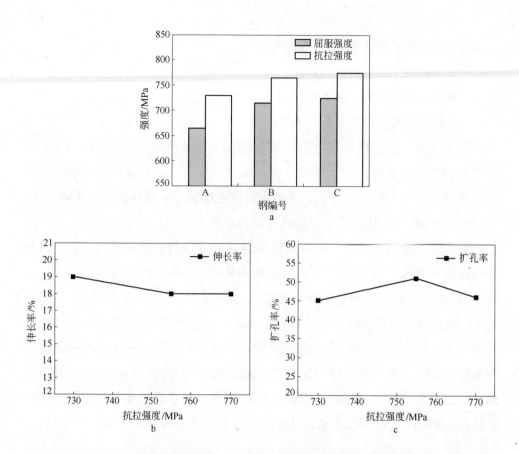

图 1-40 实验钢在三种不同冷却制度下的力学性能

a—三种冷却制度下的屈服强度及抗拉强度；b—抗拉强度及伸长率的关系；c—抗拉强度与扩孔率的关系

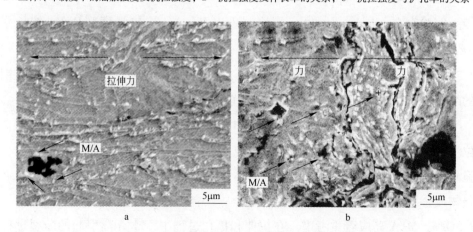

图 1-41 B 钢拉伸和扩孔实验后微裂纹形成和扩展

a—拉伸后形态；b—扩孔后形态

随着冷却速率的增加和卷取温度的降低，*EL* 略有降低。*HE* 首先增大，然后降低。对于 A 钢，粗大的 M/A 岛和渗碳体是空位形核点，而且基于经典的 Griffith 理论[75]，粗大的 M/A 岛降低裂纹形成功，促进微裂纹的产生。微裂纹的尺寸可以大致认为是 M/A 岛的最大直径，而且随着直径的增大，裂纹形成功降低，因此，A 钢的 *HE* 较低。对于 B 钢，M/A 岛被细化呈粒状，渗碳体的形成几乎被抑制，因此，裂纹形成功增大，临近的铁素体由于良好的塑性变形能力可降低应力集中。而且高体积分数的高角度晶界可以有效阻碍微裂纹的扩展或改变扩展方向。因此裂纹的扩展呈 Z 字形且增大了裂纹扩展阻力，导致 *HE* 增大。对于 C 钢，虽然 M/A 岛进一步细化，降低的铁素体比例不能缓解应力集中。因此，*HE* 降低，但是仍然高于 A 钢。与 *HE* 相比，*EL* 对于两相硬度差不敏感，因此铁素体/马氏体双相钢可以获得高 *EL* 但是低 *HE*[76]。*EL* 随着铁素体比例的降低而减小。

1.4.2.4 强化机制

B 钢和 C 钢的屈服强度高于 700MPa。B 钢高屈服强度（715MPa）取决于微合金元素的添加和精确的 TMCP 控制。再加热过程中，TiN 粒子通过钉扎晶界而有效降低晶界粗化速率。由于在奥氏体未再结晶区大变形产生大量的变形带和亚晶界，为相变提供附加形核点。终轧后的快速冷却导致形核率的增大，而且水冷过程中通过阻碍 PF 的形成和粗大析出物的粗化，变形储能和微合金元素保留至卷取过程。低卷取温度（525℃）降低粗化速率。因此，平均有效晶粒直径细化至 4.5μm，细晶强化作用显著。由于合适的过冷度和 Nb/Ti 原子扩散系数，弥散的析出物尺度为 4~6nm。析出强化是 B 钢的主要强化机制，与此同时，低卷取温度条件下位错强化和贝氏体相变强化显著。进一步提高冷却速率和降低卷取温度，C 钢中平均有效晶粒直径降低到 3.2μm，有效晶界强化作用大幅提高，而析出强化作用显著降低。虽然贝氏体比例提高引起相变强化作用增强，但扩孔性能恶化。

1.4.3 小结

（1）三种不同冷却制度下，显微组织为多边形铁素体和粒状贝氏体。随着冷却速率的提高和卷取温度的降低，多边形铁素体比例降低，晶粒尺寸细化，M/A 岛变得细小、弥散和粒状。

（2）析出行为取决于过冷度，扩散系数和 Nb/Ti 原子的溶解度。中等冷却制度下能够获得最佳的析出强化效果，弥散析出物的平均直径为 4~6nm。

（3）随着冷却速率的提高和卷取温度的降低，屈服强度和抗拉强度增大，伸长率略微降低。扩孔率首先增大然后降低。伸长率和扩孔率的变化规律不同，这取决于铁素体的比例和粗大第二相的影响（例如 M/A 岛和渗碳体）。扩孔率对于基体与第二相的硬度差更加敏感。

（4）在冷却速率 24℃/s 和卷取温度为 525℃时，屈服强度和扩孔率分别为 715MPa 和 51%，满足高强汽车轮辋用钢的要求。

（5）中等冷却制度下，细晶强化、析出强化、位错强化和贝氏体相变化是主要强化机制。进一步增大冷却速率并降低卷取温度，细晶强化、位错强化和贝氏体相变强化作用增强，而析出强化作用减弱。

Nb-Ti 高强贝氏体钢控轧控冷实验研究工作已经发表，见文献［77］。

参 考 文 献

［1］ Kashima T, Muka Y. Development of 780MPa class high strength hot rolled steel sheet with super high flange formability ［J］. "R&D" Kobe Steel Engineering Reports, 2002，52(3)：19~22.

［2］ Tetsuo S, Yoshimasa F, Shinjiro K. High strength steel sheets for automobile suspension and chassis use (high strength hot-rolled steel sheets with excellent press formability and durability for critical safety parts) ［J］. JFE Technical Report, 2004，4：25~31.

［3］ Kazuhiro S, Yoshimasa F, Shinjiro K. Hot rolled high strength steels for suspension and chassis parts "NANOHITEN" and "BHT® steel" ［J］. JFE Technical Report, 2007，10：19~25.

［4］ 陆匠心，王国栋. 一种 Nb-Ti 微合金钢微合金碳氮化物析出行为的研究 ［J］. 钢铁，2005，40(9)：69~72.

［5］ 陆匠心. 700MPa 级高强度微合金钢生产技术研究 ［D］. 沈阳：东北大学，2007.

［6］ 李国彬，刘昌明. 控轧控冷工艺对低碳贝氏体钢组织性能的影响 ［J］. 轧钢，2005，22(4)：10~13.

［7］ 黄庆渊，颜鸿威，潘永村，等. 奈米级析出物强化热轧汽车用钢开发 ［J］. 矿冶，2008，53(4)：45~60.

［8］ 于爱民，曹二转. 700MPa 级低碳微合金高强钢生产工艺研究 ［J］. 河南冶金，2009，17(2)：11~13.

［9］ 陈麒琳, 李春艳, 高吉祥, 等. 珠钢 EAF-CSP 流程 700MPa 级钛微合金化高强钢的开发 [J]. 钢铁研究, 2009, 37(5): 1~3.

［10］ 赵培林, 路峰, 王建景, 等. 700MPa 级超高强度汽车大梁用钢研究与开发 [J]. 轧钢, 2011, 28(2): 12~16.

［11］ Soto, Saikaly W, Bano X, et al. Statistical and theoretical analysis of precipitates in dual-phase steels microalloyed with titanium and their effect on mechanical properties [J]. Acta Materialia, 1999, 47(12): 3475~3481.

［12］ Zhou J, Kang Y L, Mao X P. Precipitation characteristic of high strength steels microalloyed with titanium produced by compact strip production [J]. Journal of University of Science and Technology Beijing, 2008, 15(4): 289~395.

［13］ Zhuo X J, Woo D, Wang X H, et al. Formation and thermal stability of large precipitates and oxides in titanium and niobium microalloyed steel [J]. Journal of Iron and Steel Research, International, 2008, 15(3): 70~77.

［14］ Ooi S W, Fourlaris G. A comparative study of precipitation effects in Ti only and Ti-V ultra low carbon (ULC) strip steels [J]. Materials Characterization, 2006, 56(3): 214~226.

［15］ Vega M I, Medina S F, Quispe A, et al. Recrystallisation driving forces against pinning forces in hot rolling of Ti-microalloyed steels [J]. Materials Science and Engineering A, 2006, 423: 253~261.

［16］ Vega M I, Medina S F, Quispe A, et al. Influence of TiN particle precipitation state on static recrystallisation in structural steels [J]. ISIJ International, 2005, 45(12): 1878~1886.

［17］ Hua M, Garcia C I, Deardo A J. Precipitation behavior in ultra-low carbon steels containing titanium and niobium [J]. Metallurgical and Materials Transactions A, 1997, 28(9): 1769~1780.

［18］ Wilson P R, Chen Z. TEM characterization of iron titanium sulphide in titanium-and niobium-containing low manganese steel [J]. Scripta Materialia, 2007, 56: 753~756.

［19］ Yoshinaga N, Ushioda K, Akamatsu S. Precipitation behavior of sulfides in Ti-added ultra low-carbon steels in austenite [J]. ISIJ International, 1994, 34(1): 24~32.

［20］ Yuan X M. Precipitates and hydrogen permeation behavior in ultra-low carbon steel [J]. Materials Science and Engineering A, 2007, 452~453: 116~120.

［21］ Misra R D K, Nathani H, Hartmann J E, et al. Microstructural evolution in a new 770MPa hot rolled Nb-Ti microalloyed steel [J]. Materials Science and Engineering A, 2005, 394: 339~352.

［22］ Hirhisa Kikuchi, Norio Imai, Toshiro Tomida, et al. 690~780MPa 级热轧薄板车轮钢的材

料设计，汽车用铌微合金化钢板[M]. 北京：冶金工业出版社，2006：251～257.

[23] Wang T, Kao F, Wang S, et al. Isothermal treatment influence on nanometer-size carbide precipitation of titanium-bearing low carbon [J]. Materials Letters, 2011, 65：396～399.

[24] Gladman T. Precipitation hardening in metals [J]. Material Science and Technology, 1999, 15：30～35.

[25] 周建，康永林，毛新平，等. Ti 微合金钢的成分及工艺对显微组织和力学性能的影响 [C]. 2006 年薄板坯连铸连轧国际研讨会论文集[A]. 珠江，中国，2006：353～356.

[26] Xu G, Gan X L, Ma G J, et al. The development of Ti-alloyed high strength microalloy steel [J]. Materials and Design, 2010, 31：2891～2896.

[27] Jia Z, Misra R D K, O'Malley R, et al. Fine-scale precipitation and mechanical properties of thin slab processed titanium-niobium bearing high strength steels [J]. Materials Science and Engineering A, 2011, 528：7077～7083.

[28] Uemori R, Chijiiwa R, Tamehiro H, et al. AP-FIM study on the effect of Mo addition on microstructure in Ti-Nb steel [J]. Applied Surface Science, 1994, 76：255～260.

[29] Funakawa Y, Shiozaki T, Tomita K, et al. Development of high strength hot-rolled sheet steel consisting of ferrite and nanometer-sized carbides [J]. ISIJ International, 2004, 44(11)：1945～1951.

[30] Kaspar R, Distl J S, Joachim K, et al. Changes in austenite grain structure of microalloyed plate steels due to multiple hot deformations [J]. Steel Research, 1998, 57(6)：271～448.

[31] Liu W J. Precipitation of Ti(C,N) in Austenite [D]. Montreal, Canada, McGill University, 1987.

[32] Hong S G, Kang K B, Park C G. Strain-induced precipitation of NbC in Nb and Nb-Ti microalloyed HSLA steels [J]. Scripta Materialia, 2002, 46：163～168.

[33] 王昭东，曲锦波，刘相华，等. 松弛法研究微合金钢碳氮化物的应变诱导析出行为 [J]. 金属学报，2000, 36(6)：618～621.

[34] 刘宗昌，任慧平. 过冷奥氏体扩散型相变[M]. 北京：科学出版社，2007, 130～132.

[35] Lanzagorta J L, Jorge-Badiola D, Gutierrez I. Effect of the strain reversal on austenite-ferrite phase transformation in a Nb-microalloyed steel [J]. Materials Science and Engineering A, 2010, 527：934～940.

[36] Bakkaloglu A. Effect of processing parameters on the microstructure and properties of an Nb microalloyed steel [J]. Materials Letters, 2002, 56：200～209.

[37] 杜林秀. 低碳钢变形过程及冷却过程的组织演变与控制 [D]. 沈阳：东北大学，2004.

[38] Khlestov V M, Konopleva E V, Mcqueen H J. Kinetics of austenite transformation during ther-

momechanical processes [J]. Canadian Metallurgical Quarterly, 1998, 37(2): 75~89.

[39] Hong S C, Lim S H, Hyun Seon Hong, et al. Effects of Nb on strain induced ferrite transformation in C-Mn steel [J]. Materials Science and Engineering A, 2003, 335: 241~248.

[40] Liu Q Y, Deng S H, Sun X J, et al. Effect of dissolved and precipitated niobium in microalloyed steel on deformation induced ferrite transformation (DIFT) [J]. Journal of Iron and Steel Research, international, 2009, 16(4): 67~71.

[41] Shanmugam S, Ramisetti N K, Misra R D K, Mannering T, et al. Effect of cooling rate on the microstructure and mechanical properties of Nb-microalloyed steels [J]. Materials Science and Engineering A, 2007, 460~461: 335~343.

[42] Suehiro M, Sato K, Tsukano Y, et al. Computer modeling of microstructural change an strength of low carbon steel in hot strip rolling [J]. Transactions ISIJ, 1987, 27: 439~445.

[43] Xiaonan Wang, Linxiu Du, Hui Xie, Hongshuang Di, Dehao Gu, Effect of deformation on continuous cooling phase transformation behaviors of 780MPa Nb-Ti ultra-high strength steel, steel research int. 2011, 82(12), 1417~1424.

[44] 雍岐龙. 钢铁材料中的第二相 [M]. 北京: 冶金工业出版社, 2006, 145~165.

[45] 贺信莱, 尚成嘉, 杨善武, 等. 高性能低碳贝氏体钢——成分、工艺、组织、性能与应用 [M]. 北京: 冶金工业出版社, 2008: 202~203.

[46] 康永林, 傅杰, 柳得櫆, 等. 薄板坯连铸连轧钢的组织性能控制 [M]. 北京: 冶金工业出版社, 2006: 144~148.

[47] Manohar P A, Dunne D P, Chandar T, et al. Grain growth predictions in microalloyed steels [J]. ISIJ International, 1996, 36(2): 194~200.

[48] David A. Porter, Kenneth E. Easterlin. Phase Transformations in Metals and Alloys [M]. New York: Van Nostrand Reinhold Company Ltd., 1981: 303~308.

[49] Takashi S, Shuji K, Sadao H, et al. Materials and Technologies for Automotive Use [J]. JFE Technical Report, 2004, 2: 1~18.

[50] Mclean A, Kay D A R. Control of inclusions in HSLA Steels [A]. Korchynsky M. eds, Microallying'75 [C]. New York: Union Carbides Corporation, 1976: 215~231.

[51] Hoogendoorn T M, Spanraft M J. Quatifing the effect of microalloyed elements on structures during processing [A], Korchynsky M. eds, Microallying'75 [C]. New York: Union Carbides Corporation, 1976: 75~85.

[52] Nordberg H, Aronsson B. Solubility of niobium carbide in austenite [J]. Journal of the Iron and Steel Institute, 1968, 206(12): 1263~1266.

[53] Irvine K J, Pickering F B, Gladman T. Grain refined C-Mn Steels [J]. Journal of the Iron and

Steel Institute, 1967, 205(2): 161~182.

[54] Lis J, Lis A K, Kolan C. Processing and properties of C-Mn steel with dual-phase microstructure [J]. Journal of Materials Processing Technology, 2005, 12(5): 162~163.

[55] Liu D S, Fazeli F, Militzer M. Modeling of microstructure evolution during hot strip rolling of dual phase steels [J]. ISIJ International, 2007, 47(12): 1789~1798.

[56] Misra R D K, Nathani H, Hartmann J E, et al. Microstructural evolution in a new 770MPa hot rolled Nb-Ti microalloyed steel [J]. Materials Science and Engineering A, 2005, 394: 339~352.

[57] Wang X, Zhao Y, Liang B, Du L, Di H. Study on isothermal precipitation behavior of nanoscale(Nb, Ti) C in ferrite/bainite in 780MPa grade ultra-high strength steel, steel research int. 84(2013) No. 4, 402~409.

[58] Lepera F S. Improved etching technique for the determination of percent martensite in high-strength dual-phase steels[J]. Metall. 1979, 12: 263.

[59] Wang S C, Yang J R. Effects of chemical composition, rolling and cooling conditions on the amount of martensite/austenite (M/A) constituent formation in low carbon bainitic steels[J]. Mater. Sci. Eng. A, 1992, 154: 43.

[60] Hrivnak I, Matsuda F, Li Z L, Ikeuchi K J, Okada H. Investigation of Metallography and Behavior of M-A Constituent in Weld HAZ of HSLA Steels[J]. Trans. JWRI. 1992(21), 101.

[61] Rodrigues P C M, Pereloma E V, Santos D B. Properties of an HSLA Bainitic Steel Subjected to Controlled Rolling with Accelerated Cooling[J]. Mater. Sci. Eng. A, 2000, 283: 136.

[62] Shanmugam S, Ramisetti N K, Misra R D K, Hartmann J, Jansto S G. Microstructure and high strength-toughness combination of a new 700MPa Nb-microalloyed pipeline steel[J]. Mater. Sci. Eng. A, 2008, 478: 26.

[63] Furuhara T, Yamaguchi T, Miyamoto G, Maki T. Incomplete transformation of upper bainite in Nb bearing low carbon steels[J]. Mater. Sci. Technol, 2010, 26: 392.

[64] Gladman T. Precipitation hardening in metals[J]. Mater. Sci. Technol, 1999, 15: 30.

[65] Gladman T. The physical metallurgy of microalloyed steels[M]. The Institute of Materials, London, 1997.

[66] Brito R M, Kestenbach H J. On the dispersion hardening potential of interphase precipitation in micro-alloyed niobium steel[J]. Mater. Sci. 1981, 16: 1257.

[67] Wagner R, Kampmann R, Haasen P(Ed.). Material Science and Technology, Vol. 5 Phase Transformations in Materials (5th edn.) VCH Verlagsgesellschaft, Weinheim 1991, 213.

[68] Oono N, Nitta H, Iijima Y. Diffusion of niobium in α-iron[J]. Mater. Trans. 2003, 44: 2078.

[69] Kusumi K, Senuma T, Sugiyama M, Suehiro M, Nozaki M. Nitriding Behavior and Strengthening Mechanism of Ti-added Steels in Rapid Nitriding Process[J]. Nippon steel technical report. 2005, (91): 78.

[70] Taylor K A. Solubility products for titanium-, vanadium-, and niobium-carbide in ferrite[J]. Scripta Metall. 1995, 32(1): 7.

[71] Sim G M, Ahn J C, Hong S C, Lee K J, Lee K S. Effect of Nb precipitate coarsening on the high temperature strength in Nb containing ferritic stainless steels[J]. Mater. Sci. Eng. A, 2005, 396: 159.

[72] Fujita N, Ohmura K, Yamamoto A. Changes of microstructures and high temperature properties during high temperature service of Niobium added ferritic stainless steels [J]. Mater. Sci. Eng. A, 2003, 351: 272.

[73] Dunlop G L, Honeycombe R W K. Ageing characteristics of VC, TiC, and (V, Ti) C dispersions in ferrite [J]. Met. Sci. 1978, 367.

[74] Funakawa Y, Seto K. Stabilization in Strength of Hot-rolled Sheet Steel Strengthened by Nanometer-sized Carbides[J]. Mater. Sci. Forum. 2007, 539~543: 4813.

[75] Curry D A, Knott J F. Effect of microstructure on cleavage fracture toughness of quenched and tempered steels[J]. Met. Sci. 1979, 13: 341.

[76] Senuma T. Physical metallurgy of modern high strength steel sheets [J]. ISIJ Int. 2001, 41: 520.

[77] Jun hu, Du Linxiu, Wang Jianjun. Effect of cooling procedure on microstructures and mechanical properties of hot rolled Nb-Ti bainitic high strength steel, Materials Science and Engineering A, 2012, 554: 79~85.

2 奥氏体中 V 析出物对晶内铁素体形核的影响及组织性能控制

2.1 前言

我国 V 矿储量丰富，钢中利用 V 取代 Nb 可以减小对国外矿产原料的依赖，因此 V 微合金化钢的应用开发意义重大且市场前景广阔。与 Nb 钢相比，V 的碳氮化物析出具有独特的优势，一方面奥氏体中 V 的析出物可促进晶内铁素体的形核，从而在小变形量及低冷却速率条件下大幅细化显微组织，实现强度与韧性的同步提高。另一方面 V 微合金钢可实现低温析出。

国外晶内形核铁素体的研究较早，但大多偏向实验室基础理论研究，较为系统地研究了晶内形核铁素体形核点位的形核潜力、铁素体与形核点间的位相关系、相变机制、影响因素等，与工业化结合不紧密，而且形核点位均为微米尺度的附加夹杂物。国内关于晶内形核铁素体的研究还处于起步阶段，但发展较快，取得了阶段性进展。在无夹杂物的纯净钢中依靠纳米 VN 析出物促进晶内形核铁素体在控轧控冷及焊接热循环中的应用还未见报道。

2.2 Ti-V 热轧带钢中的晶内铁素体形核行为

2.2.1 研究背景

开发热轧高强汽车用钢是实现汽车轻量化和国家节能减排目标的重要途径。由于复杂的加工条件和恶劣的服役环境，需要汽车板具有优良的综合力学性能。因此强度与塑性应该良好匹配[1]。在钢众多的强化机制中，细晶强化是唯一提高强度而不损害韧性的强化机制[2]。最近几年，为了开发超细晶钢材，采用了很多方法，包括应变诱导铁素体转变、大应变温变形、临界区热轧，多维轧制及冷轧退火马氏体技术，等通道转角挤压、累积叠轧及高压扭转最为有效。晶粒尺寸可细化至 $1 \sim 3\mu m^{[3 \sim 5]}$。但是商用的 Nb-Ti 及 Ti-Mo 微合金带钢的晶粒只能被控制在 $5 \sim 10\mu m$ 以内[6,7]。

晶内形核铁素体的形成可以有效细化组织，导致强度与韧性的同步提高[8~11]。Medina[12]研究表明，晶内形核铁素体可以细化组织接近 50%。一些研究指出晶内铁素体形核于析出物和添加的夹杂物，例如 Ti_2O_3 和 MnS + V(C,N)[9,11,13]。Shim[14]系统地研究了非金属夹杂物对铁素体的形核潜力，总结出散落在 C 钢中的单相 SiO_2、$MnO\text{-}SiO_2$、Al_2O_3、TiN 及 MnS 对晶内铁素体的形核没有影响，而在 Ti_2O_3 在含 Mn 的钢中及 MnS 和 Al_2O_3 在含 V-N 的钢中对晶内铁素体的形核具有很大的潜力。然而铁素体在(Ti,V)(C,N)复合析出物的表面的形核行为还未被研究过，而且在 Ti-V 含量较高的钢中奥氏体内析出物的演变规律还未被研究。

本章节介绍了一种依靠(Ti,V)(C,N)析出物形核的新型热轧超细晶铁素体钢。析出物的形态和元素分布依靠电子探针（EPMA）和透射电子显微镜（TEM）来观察，并讨论了(Ti,V)(C,N)复合析出物对铁素体的形核潜力。

2.2.2 试验材料及试验方法

实验钢由真空感应炉熔炼，然后铸造成 150kg 钢锭。Ti-V 微合金钢的化学成分（质量分数）为：0.04% C，0.19% Si，1.5% Mn，0.003% P，0.0025% S，0.05% Al，0.2% Ti，0.1% V，0.005% N，Fe 余量。参考单 Ti 钢除了不含 V 元素外，其他元素相同。实验钢不同控轧控冷工艺路径示意图如图 2-1 所示。40mm 厚的坯料加热至 1150℃，保温 2h 后空冷至 960℃。钢坯经

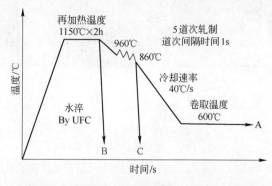

图 2-1　实验钢不同控轧控冷工艺路径示意图

ϕ450mm 试验轧机 5 道次轧制成 7mm 厚钢板。道次间隔时间 1s。终轧温度控制约为 860℃。实验钢以 40℃/s 的冷速水冷至卷取温度 600℃。然后缓慢炉冷至室温以模拟卷取过程。为了观察奥氏体区析出物的演变和晶内铁素体的形核位置，一块 7mm 厚的 Ti-V 钢板加热至 1150℃保温 2h 后通过超快冷系统（UFC）水淬至室温。另一个冷却路径为 Ti-V 钢及单 Ti 钢在 860℃终轧后通过超快冷系统（UFC）水淬至室温。

金相试样研磨抛光后经 4% 的硝酸酒精溶液腐蚀，利用 Leica DMIRM optical microscope 光学显微镜（OM）观察。为了测量析出物的体积分数，轧后淬火试样在抛光后未经腐蚀的条件下利用 OM 观察。析出物的体积分数利用 pro-plus 分析软件统计 20 个视场的平均值。试样通过高氯酸酒精溶液腐蚀后用 FEI Quanta 600 扫描电子显微镜（SEM）的 EBSD 观察组织形貌。SEM 组织和微区元素分析通过 JEOL JXA-8230F EPMA 的波谱仪（WDX）研究。TEM 研究采用金属薄片试样利用 FEI Tecnai G^2 F20 电镜，加速电压为 200kV，析出物成分通过能谱（EDX）分析。室温拉伸试验在 Shimadzu AG-X 万能试验机上进行。钢板切成狗骨头型试样，拉伸速率为 3mm/min。

2.2.3 试验结果

图 2-2 为 Ti-V 和单 Ti 实验钢控轧控冷后通过 EBSD 分析的位相关系图和

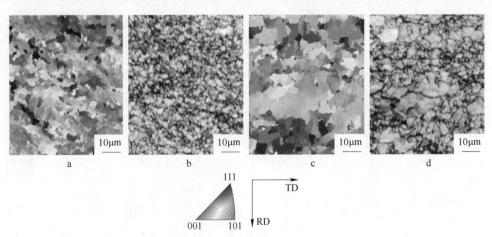

图 2-2 Ti-V 和单 Ti 实验钢控轧控冷后通过 EBSD 分析的位相关系图和质量图

a—热轧 Ti-V 钢相位关系图；b—热轧 Ti-V 钢质量图；c—热轧 Ti 钢位相关系图；d—热轧 Ti 钢质量图

质量图。Ti-V 钢的显微组织为晶粒尺寸 1~3μm 的铁素体，平均晶粒尺寸为 2.5μm。参考单 Ti 钢的晶粒尺寸不均匀，小尺寸的晶粒 3~5μm，而大尺寸的晶粒为 5~8μm，平均晶粒尺寸为 5μm。Ti-V 钢的屈服强度、抗拉强度及断后伸长率分别为 709MPa、827MPa 及 23.6%。单 Ti 钢的屈服强度、抗拉强度及断后伸长率分别为 570MPa、674MPa 及 21.5%。与 Ti 钢相比，应用 V 元素不但提高了强度而且增加了塑性，织构没有明显的变化。

图 2-3 为实验钢 860℃ 轧后淬火的 OM 显微组织及析出物形貌。Ti-V 钢及 Ti 钢的主相均为多边形铁素体和淬火形成的马氏体组织，微相为黑点形态的析出物。对于 Ti-V 钢，多边形铁素体不仅在原奥氏体晶界及变形带处形核，而且在变形奥氏体晶粒内部高体积分数的析出物表面形核。然而，对于单 Ti 钢，铁素体仅仅在原奥氏体晶界及变形带处形核。与被硝酸酒精溶液腐蚀的试样相比，一些未被腐蚀试样的析出物较小，这是因为析出物的下侧被铁素体表面掩盖，但是由于析出物呈现于同一抛光平面上，因此这种方法能精确

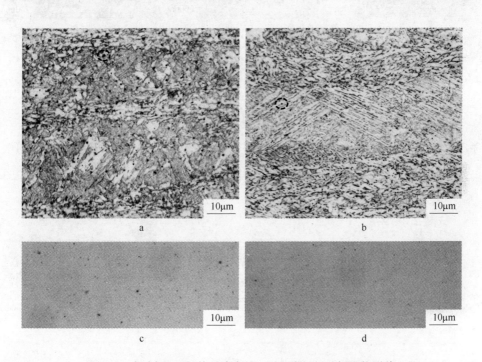

图 2-3 实验钢 860℃ 轧后淬火的 OM 显微组织及析出物形貌

a—硝酸酒精溶液腐蚀的 Ti-V 钢；b—硝酸酒精溶液腐蚀的单 Ti 钢；

c—未被硝酸酒精溶液腐蚀的 Ti-V 钢；d—未被硝酸酒精溶液腐蚀的单 Ti 钢

的测定析出物的体积分数。轧后 Ti-V 钢及单 Ti 钢的析出物体积分数分别为 0.09% 及 0.04% 。Ti-V 钢的析出物尺寸大于单 Ti 钢。

图 2-4 为析出物的 SEM 形貌。Ti-V 钢轧前的圆形析出物尺寸 200nm，如图 2-4a 所示，WDX 分析表明，析出物为(Ti,V)(C,N)，其中 V、N、S 含量较少，V 含量的质量分数约为 0.12% ~ 0.21%。轧后 Ti-V 钢的析出物尺寸为 220 ~ 250nm，如图 2-4b 所示，析出物同样为(Ti,V)(C,N)，析出物心部的 V 含量与轧前条件下的相同，然而析出物边部的 V 含量有所增加。单 Ti 钢轧后的析出物为 100nm 的 Ti(C,N)，如图 2-4c 所示。因此添加 V 促进了 Ti 钢的析出行为。

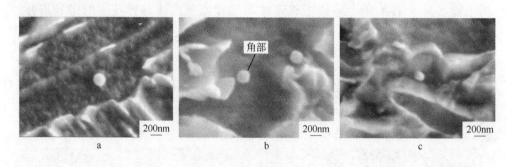

图 2-4　析出物的 SEM 形貌

a—Ti-V 钢 1150℃轧前淬火；b—Ti-V 钢 860℃轧后淬火；c—Ti 钢 860℃轧后淬火

图 2-5 为 Ti-V 钢中(Ti,V)(C,N)析出物 TEM 形貌及 EDX 化学成分分析。粗大的(Ti,V)(C,N)析出物由核和帽两部分组成，如图 2-5a 所示。由 EDX 结果分析表明，核部分为 TiC，V 含量检测不到，而帽部分为(Ti,V)C，如图

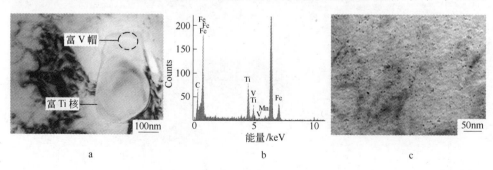

图 2-5　Ti-V 钢中(Ti,V)(C,N)析出物 TEM 形貌及 EDX 化学成分分析

a—860℃轧后淬火钢中(Ti,V)(C,N)复合析出物；b—析出物帽部；

c—600℃卷取后冷却至室温钢中细小析出物

2-5b 所示。结合图 2-4b 的析出物形貌及 WDX 精确化学成分分析结果,核部分为富 Ti-C 的(Ti,V)(C,N),而帽部分为富 V-C 的(Ti,V)(C,N)。其中富 V 的帽表示 V 含量高于核部分,Ti 含量仍然高于 V。粗大的析出物作为晶内铁素体的形核点不可避免的消耗 Ti、V 及 C 原子。然而高的 Ti-V 含量确保了充足的剩余原子在卷取过程中形成 3 ~ 5nm(Ti,V)(C,N)析出物,如图2-5c 所示。

2.2.4　讨论

Craven[15]和 Hong[16,17]研究了 Nb-Ti 微合金钢的析出行为。(Ti,Nb)(C,N)复合析出物由立方的核相和多个帽相组成。核相为未溶解的富 Ti 的(Ti,Nb)(C,N),甚至在再加热处理后仍然存在,帽相被认定为富 Nb 的(Nb,Ti)C,形成于应变诱导析出后的等温过程。未溶解的(Ti,Nb)(C,N)作为(Nb,Ti)C 的非均质形核点位。根据 Ti-C 及 V-C 的固溶度积公式,如式(2-1)和式(2-2)所示[18,19],Ti-V 实验钢中 TiC 及 VC 的完全溶解温度分别为 1171.2℃ 及 768.7℃。VC 能够在 1150℃ 完全溶解,TiC 只能部分溶解。然而 Ti 和 N 元素的存在提高了 VC 的析出温度,而且大变形条件可促进 VC 的析出行为。因此,(Ti,V)(C,N)中富 Ti-C 的核部分形成于再加热过程中,而(V,Ti)(C,N)中富 V-C 的帽部分形成于应变诱导析出作用。

$$\log[\mathrm{Ti}][\mathrm{C}] = \frac{-7000}{T} + 2.75 \qquad (2\text{-}1)$$

$$\log[\mathrm{V}][\mathrm{C}] = \frac{-9500}{T} + 6.72 \qquad (2\text{-}2)$$

Gregg 和 Bhadeshia[20]通过钢-陶瓷挤压结合试样和在钢中添加矿物粉试验,总结了 TiN 及 VN 对于晶内铁素体的形核潜力,在 C 钢中,TiN 对于铁素体的相变作用很小,Shim[14]也证实了这个结论。TiN 作为形核点的潜力很小的原因是由于 TiN 与铁素体的晶格错配度为 3.8%,而 VN 与铁素体的晶格错配度只有 1.3%。小的晶格错配度促进了铁素体的形核[10,17]。因此在富 Ti 的核相表面形成富 V 的帽相能增加 Ti-V 钢晶内铁素体的形核潜力。

一般来说,对于晶内铁素体形核最有效的夹杂物半径为 0.4 ~ 3μm[2]。由于小的表面曲率和大的表面积易促进铁素体形核,大的夹杂物(大于 3μm)

经常能形成多个铁素体晶粒，小的夹杂物一般只能使一个铁素体晶粒形核。然而，形核优先发生于成对的或多个颗粒，甚至在单个颗粒小于临界形核尺寸的条件下[21]。Ti 元素的价格远低于 V，在商用热轧带钢中很难通过应变诱导析出获得亚微米尺度的 VC 析出物。因此未溶解的 200nm TiC 核相作为 VC 帽相的非均质形核点增加了粒子尺寸，促进了晶内铁素体形核，而且降低了生产成本。与有尖角的 TiN 颗粒相比，球形的 (Ti, V)(C, N) 析出粒子对韧性有害作用小。Ti-V 钢及 Ti 钢的屈强比分别为 85.7% 及 84.6%，因此屈强比的变化很小。一般来说，超细晶钢的屈强比很高，然而尽管获得了高强度，V 的添加也改善了塑性，断后伸长率从 21.5% 提高至 23.6%。高塑性可归因于细小弥散分布的 (Ti, V)(C, N) 促进位错积累，从而增加加工硬化率[5,22]。在超低碳钢中很难获得渗碳体，而 (Ti, V)(C, N) 析出物可以替代渗碳体的作用。

晶粒细化引起的屈服强度增量（ΔYS_{FG}）可以由 Pickering 提出的经典公式的导出式（2-3）计算[23]。如前所述，控轧控冷后的 Ti 钢和 Ti-V 钢的平均晶粒尺寸分别为 5μm 及 2.5μm，因此 ΔYS_{FG} 计算为 102MPa，余下的 37MPa 来源于 V 对于纳米尺寸析出物的析出强化作用。

$$\Delta YS_{FG} = 17.402 \left(D_F^{-1/2} - D_C^{-1/2} \right) \qquad (2\text{-}3)$$

式中　D_F——细平均晶粒尺寸；

　　　D_C——粗平均晶粒尺寸。

存在符合 Baker-Nutting 位相关系（$(001)_\alpha // (001)_{V(C,N)}$），（$[110]_\alpha // [100]_{V(C,N)}$）的铁素体/V(C, N) 析出物低能界面促进了含 V 碳氮化物析出对晶内铁素体的形核[10,24]。奥氏体稳定元素 C 的贫化也会促进晶内铁素体的形核[25,26]。这两个因素共同促成了 Ti-V 钢中晶内铁素体的形核。

2.2.5　小结

（1）通过添加 0.1V 到 0.2Ti 的钢中，平均晶粒尺寸从 5μm 细化至 2.5μm，晶粒细化引起的屈服强度增量为 102MPa，而且改善了断后伸长率，屈强比增加不明显。

（2）220～250nm 的 (Ti, V)(C, N) 复合析出成为晶内铁素体的形核点。

析出物的核相为再加热过程中未溶解的富 Ti-C 的 $(Ti,V)(C,N)$，帽部分为应变诱导析出的富 V-C 的 $(V,Ti)(C,N)$。

（3）富 V 的帽相在富 Ti 的核相表面形成，由于铁素体/VC 之间的低能界面，增加了形核潜力。200nm 的核相作为帽相的非均质形核点，导致复合析出物达到临界形核尺寸。

2.3 V-N 钢中厚板 VN 析出对组织性能的影响

2.3.1 研究背景

高强度及优异韧性匹配的低合金钢一直是钢种开发工作中的重点。为了获得良好的韧性与焊接性能，钢材的 C 含量显著降低了，随之引起的强度降低通过添加 Si 和 Mn 元素来补偿。通过单独或复合添加微合金化元素 Nb、V、Ti 而形成的析出强化和细晶强化作用进一步提高强度[7,27,28]。纳米尺度的微合金碳氮化物形成于 450~650℃ 的长时间等温过程，细小的碳化物阻碍位错运动从而显著提高屈服强度。晶粒细化一般通过再加热过程中稳定的 TiN 析出物钉扎原奥氏体晶界和 Nb 原子或 NbN 析出物推迟变形奥氏体的再结晶[29,30]。与 Nb-Ti 微合金钢相比，由于 VN 析出物与铁素体的晶格错配度很低，因此 V-N 微合金钢可以通过晶内铁素体在 VN 析出物表面形核而细化晶粒。含 V 钢中添加 N 元素促进含 V 碳氮化物的析出，而且增加其体积分数。高 S 含量的 V-N 钢应用于锻造件和长材，难溶的 MnS 为 VN 提供非均质形核点，通过针状铁素体在 MnS + VN 复合析出物表面形核，实现强度与韧性的同步提升[9,31]。

由精细交织的铁素体板条构成的组织通常称为针状铁素体。由于精细互相交织的组织具有良好的韧性，因此针状铁素体在低碳微合金钢中被认为是首选的组织[32]。然而针状铁素体的形核需要以下几个必备条件：（1）有效的夹杂物作为晶内形核点；（2）相对大的原奥氏体晶粒尺寸降低晶界形核的可能性；（3）相对小的变形量；（4）足够的冷却速率使得奥氏体稳定至贝氏体相变区[33~36]。对于针状铁素体形核有效的夹杂物为 Ti_2O_3、MnS + V(C,N) 及 MnS + CuS[11,13,37]。最近，在没有硫化物夹杂存在的条件下，在 V-N 低 S 钢中，针状铁素体可以依靠 V(C,N) 析出物形核[38,39]。为了在奥氏体中获得较大尺寸的 V(C,N) 析出物，采用了在 900～950℃ 范围内变形或等温的方法[12,39]。通过利用晶内铁素体在 V(C,N) 析出物表面导致晶粒尺寸细化约 50%，然而随后 3.5℃/s 的低连续冷却速度形成了多边形铁素体而不是针状铁素体。有研究表明，首先在原奥氏体晶界形成的惰性多边形铁素体薄膜抑制贝氏体板条束的形核，导致显微组织从晶间形核的贝氏体向晶内形核的针状铁素体转变。理论分析指出，多边形铁素体与奥氏体间的界面存在 C 富集区，贝氏体相变被此界面阻止[40,41]。为了获得高体积分数的针状铁素体，热处理中 C 锻造钢材采用了两阶段冷却技术，从而拓展了工业应用范围[42]。然而在热轧 V-N 微合金化低 S 钢中获得针状铁素体组织还未见报道。

与热轧带钢相比，可逆式轧机的道次间隔时间更长[43]。而且采用可逆式轧机生产的均为中厚或厚规格钢板，变形量和冷却速率不足[21,44]。本研究工作旨在将可逆式轧机的不利条件转化为对针状铁素体形核的有利条件，在 V-N 微合金低 S 钢中通过控制轧制与两阶段冷却工艺得到理想的组织形态及优异的综合力学性能（强度、韧性、塑性），通过热力学分析及 TEM 观察研究 V(C,N) 析出物的演变规律。

2.3.2　试验材料及试验方法

2.3.2.1　试验材料及控轧控冷工艺

试验钢由真空感应炉熔炼，然后铸造成 150kg 钢锭。试验钢的化学成分（质量分数,%）为 0.058C、0.15Si、1.8Mn、0.002S、0.03Al、0.12～0.18V、0.015～0.02N、余量为 Fe。经式（2-4）和式（2-5）计算[45,46]，碳当量（C_{eq}）和焊接裂纹敏感性指数（P_{cm}）分别为 0.42 和 0.17。

$$C_{eq} = w(C) + \frac{w(Mn) + w(Si)}{6} + \frac{w(Ni) + w(Cu)}{15} +$$
$$\frac{w(Cr) + w(Mo) + w(V)}{5} \tag{2-4}$$

$$P_{cm} = w(C) + \frac{w(Si)}{30} + \frac{w(Mn) + w(Cu) + w(Cr)}{20} +$$
$$\frac{w(Ni)}{60} + \frac{w(Mo)}{15} + \frac{w(V)}{10} + 5w(B) \tag{2-5}$$

控轧控冷工艺示意图如图 2-6 所示，40mm 厚的钢坯加热至 1200℃保温 2h，使得微合金元素充分回熔，然后空冷至 950℃。坯料经 ϕ450mm 试验轧机三道次轧制成 20mm 厚钢板，道次间隔时间为 30s，终轧温度为 850℃。待温 10s 后，钢板经过两阶段冷却处理。第一阶段冷却，钢板以 16℃/s 水冷至 540℃，随后自回火至 565℃。第二阶段冷却，钢板以 0.5℃/s 空冷至室温。为了观察变形奥氏体的组织演变与析出物形态，另一块钢板在终轧待温后利用超快冷系统直接水淬至室温。

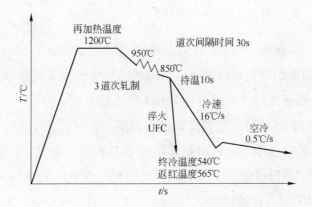

图 2-6　控轧控冷工艺示意图

2.3.2.2　力学性能检测方法

纵向棒状拉伸试样直径 10mm，标距 50mm。室温拉伸试验在 Shimadzu AG-X 万能试验机上进行，拉伸速率为 3mm/min。夏比 V 口冲击试验采用横向试样（10mm×10mm×55mm），试验温度为 −20℃，在 Instron Dynatup 9200 系列仪器化落锤冲击试验机上按照 ASTM E23 标准进行[47]。试验设定温度在 −20℃以下 5℃，以防止试样在转移至试验机过程中温度的回升。

2.3.2.3　显微组织分析及热力学计算方法

金相试样研磨抛光后经 4% 的硝酸酒精溶液腐蚀，利用 Leica DMIRM OM 及 Zeiss Ultra 55 SEM 观察，析出物成分通过 EDX 分析。试样通过高氯酸酒精溶液腐蚀后用 SEM 的 EBSD 观察组织形貌。冲击试验的断口表面利用 FEI Quanta 600 SEM 观察。TEM 研究采用金属薄片试样，直径 3mm 的试样采用

8% 的高氯酸酒精溶液电解抛光，利用 FEI Tecnai G² F20 电镜观察，加速电压为 200kV。

热力学计算借助 Thermocalc 软件结合 TCFE6 数据库，计算了在平衡态条件下钢中第二相粒子 V(C,N)、渗碳体、AlN、MnS 随温度的变化规律，也揭示了 V(C,N) 化学成分的变化。

2.3.3 试验结果与讨论

2.3.3.1 第二相粒子的热力学分析

图 2-7 为 Thermocalc 软件计算的钢中第二相粒子 V(C,N)、渗碳体、AlN、MnS 随温度的变化规律及 V(C,N) 析出物中的元素质量分数。铁素体向奥氏体开始及结束的转变温度分别为 654℃（A_{e1}）及 840℃（A_{e3}）。实线代表 V(C,N) 析出物的体积分数随温度的变化情况。在奥氏体中 V(C,N) 析出物的体积分数大约是室温条件下析出物体积分数总和的三分之一。由于低 C 的成分设计及 V(C,N) 析出物形成对 C 原子的消耗，渗碳体的体积分数低于 V(C,N) 析出物。AlN 析出物的比例小于 V(C,N)，而且 AlN 被公认为析出速率极低[31]。MnS 夹杂物在再加热过程中仍然难溶，然而由于低 S 的成分设计，导致实验钢中 MnS 的体积分数可以忽略。V(C,N) 析出物中 C 与 N 元素的含量受形成温度的影响。一般来说，高温奥氏体区形成的析出物首先富 N，在低

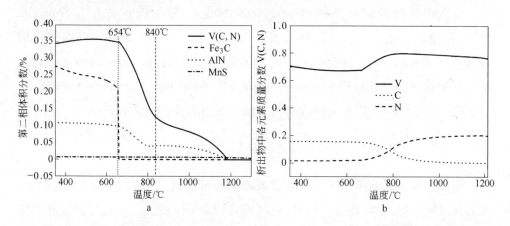

图 2-7 计算试验钢中第二相粒子体积分数及 V(C,N) 析出物中的元素质量分数

a—第二相体积分数；b—V(C,N) 内元素质量分数

温铁素体区后变成富 C 的析出物。基于第二相粒子的热力学分析结果，如果施加合理的控轧控冷工艺参数在奥氏体中获得约 0.126% V(C,N) 析出物，那么 V(C,N) 析出物可显著影响针状铁素体的形核。

2.3.3.2　显微组织表征

图 2-8 为试验钢控制轧制后直接水淬至室温的 OM 及 SEM 组织形貌。显微组织由多边形铁素体、针状铁素体及马氏体组成。20～30nm 的 V(C,N) 析出物位于晶内针状铁素体板条上。实验钢在 850～950℃ 奥氏体未再结晶区内热轧。由于总变形量小，因此变形奥氏体的长宽比低。在水冷过程中，多边形铁素体首先沿着变形的原奥氏体晶界形核，然后针状铁素体在贝氏体相变区内依托高体积分数的 V(C,N) 析出粒子晶内形核，最后马氏体形核。形变奥氏体低的淬透性归因于实验钢中低 C 设计、变形诱导铁素体转变及 V(C,N) 析出物作为附加的形核点。

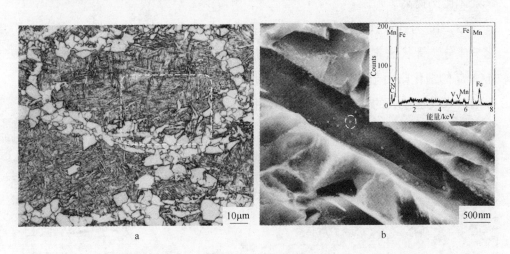

图 2-8　试验钢控制轧制后直接水淬至室温的 OM 及 SEM 组织形貌

a—光学显微组织；b—SEM 显微组织及针状铁素体内析出物化学分析

图 2-9 为试验钢经过控制轧制及两阶段冷却后的 OM 显微组织。显微组织由多边形铁素体和针状铁素体组成。多边形铁素体晶粒尺寸 3～8μm。针状铁素体的板条形态不规则，板条宽度在 1～2μm 范围内。与水淬工艺相比，两阶段冷却工艺条件下的冷却速率低且终冷温度高，因此获得的组织中多边形

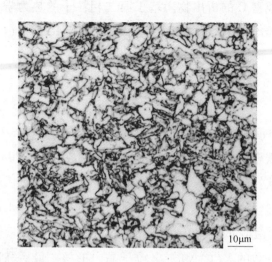

图 2-9 试验钢经过控制轧制及两阶段冷却后的 OM 显微组织

铁素体比例提高。

图 2-10 为针状铁素体的 SEM 显微组织形态及针状铁素体板条内析出物的化学成分。针状铁素体由互相交织的板条和尺寸小于 1μm 的 M/A 岛组成。M/A 岛的细化归因于低 C 成分设计及过冷的奥氏体被精细的针状铁素体板条分割。未发现粗大的渗碳体。V(C,N)析出物尺寸为 20~30nm，部分细小的析出物小于 10nm。

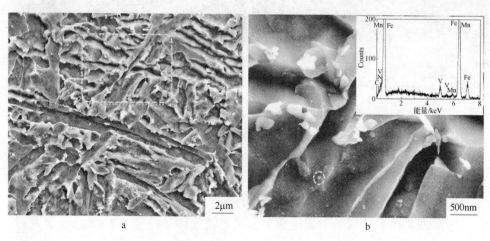

图 2-10 针状铁素体的 SEM 显微组织形态及针状铁素体板条内析出物的化学成分

a—针状铁素体形态；b—针状铁素体板条内析出物及相应的化学分析（EDX）

图 2-11 为 EBSD 分析的试验钢晶体学特征。在质量图中，灰线代表 2° ~ 15° 低角度晶界，黑线代表大于 15° 的高角度晶界。虚线的 Σ3 共格晶界属于高角度晶界。高角度晶界/板条界面能有效偏转甚至捕获解理微裂纹的扩展，而低角度晶界对微裂纹扩展的阻碍作用有限[36,48]。多边形铁素体的晶界一般均为高角度晶界，在晶粒内部也存在低角度的亚晶界。针状铁素体由细小互相交织的非平行板条组成，一部分相邻的边条为高角度晶界，然而由于感生形核机制，也含有少量低角度晶界。针状铁素体板条内亚晶界的形成是通过感生形核、多边形化、三叉点处非均质形核（已存在的铁素体、析出物、基体），析出物表面形核的铁素体间的碰撞等综合作用[49,50]。与多边形铁素体相比，针状铁素体单位面积内的高角度晶界的比例更大，因此对解理裂纹扩展的阻力更强。

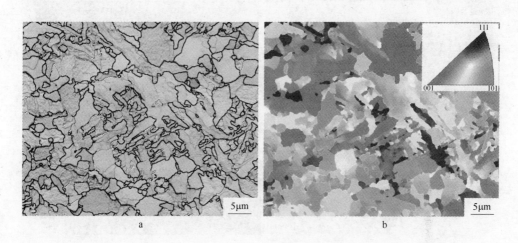

图 2-11　EBSD 分析的试验钢晶体学特征
a—含有晶界角度错配度的质量图；b—位相关系图

图 2-12 为试验钢的 TEM 显微组织及析出物的形貌和化学成分。多边形铁素体基体内部含有高密度的位错，如图 2-12a 所示。针状铁素体板条束内部含有多个宽度为 0.1 ~ 0.3μm 互相平行的亚板条，如图 2-12b 所示。多边形铁素体或针状铁素体内部的 V(C,N) 析出物呈现两类尺寸，即 20 ~ 30nm 和 3 ~ 5nm。TEM 试验结果与轧后淬火的 SEM 数据综合分析表明，20 ~ 30nm 的析出物形核于控制轧制及道次间隔阶段，而 3 ~ 5nm 的析出物在第二阶段缓慢的冷却过程中形成。

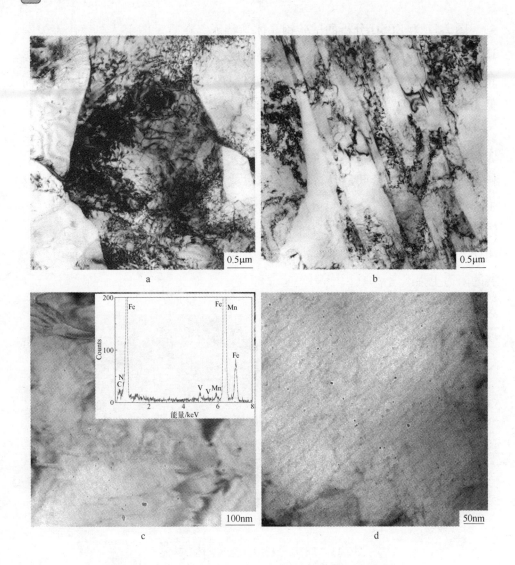

图 2-12 实验钢的 TEM 显微组织及析出物的形貌和化学成分

a—含有高密度位错的针状铁素体；b—针状铁素体板条形态；

c—针状铁素体内析出物的形态及化学成分；d—纳米尺度析出物

2.3.3.3 综合力学性能

屈服强度和抗拉强度分别为 585MPa 和 680MPa，断后伸长率和断面收缩率分别为 29.5% 和 79.75%。与传统的 C-Mn 钢相比，高强度与多种强化机制的协同作用有关：高 Mn 含量的固溶强化、3 ~ 5nm V(C,N) 析出粒子的析出强化、位错强化、细晶强化、针状铁素体的相变强化作用。粗大的渗碳体和 M/A 岛为裂纹源。由于试验钢低 C 的成分设计，避免了粗大渗碳体的形成，而且 M/A 岛得到了细化，因此增大了微裂纹形成的临界应力，而且与针状铁素体相比，多边形铁素体含有低的 C 含量和低密度的位错。因此，低 C 成分设计及多边形铁素体的形成提高了塑性。

图 2-13 为仪器化冲击试验的挠度-载荷示意图及实测数据。夏比冲击试样通常经历 5 个不同的阶段[51,52]。总冲击功可以分割成 E_1——裂纹形成功（E_e——弹性变形功，E_p——塑性变形功）、E_2——稳定裂纹扩展功、E_3——不稳定裂纹扩展功。通过挠度-载荷曲线也可以获得 P_m——峰值载荷、P_f——脆性断裂载荷、P_a——脆性断裂终止载荷。E_1 与塑性剪切区的形成和扩展有关，代表裂纹形成的难易程度。E_2 与稳态裂纹的扩展有关，即断裂纤维区的剪切能。一旦不稳定裂纹开始生长，稳态裂纹就停止扩展。因此，E_2 代表不稳态裂纹形成核扩展的难易程度；E_3 代表扭曲硬化区的断裂功，常取决于不稳态裂纹的限定条件[53,54]。−20℃总冲击吸收功为 140J，依据最大冲击载荷分为裂纹形成功 26.1J 与裂纹扩展功 113.9J[51,52]。M/A 岛的细化提高了裂纹形成功，而且多边形铁素体和针状铁素体的大角度晶界增加了裂纹扩展功。

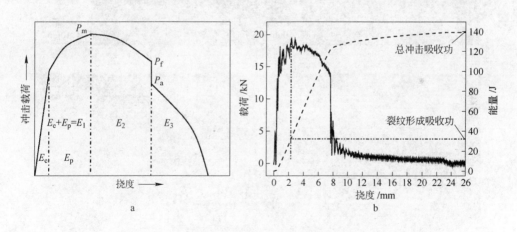

图 2-13　仪器化冲击试验的挠度-载荷示意图及实测数据
a—挠度载荷示意图；b—仪器化冲击试验

图 2-14 为冲击断口的示意图及 −20℃ 冲击断口的 SEM 形貌。除了 V 口区，断口可分为三个区域，包括纤维区、放射区及剪切唇。在夏比冲击过程

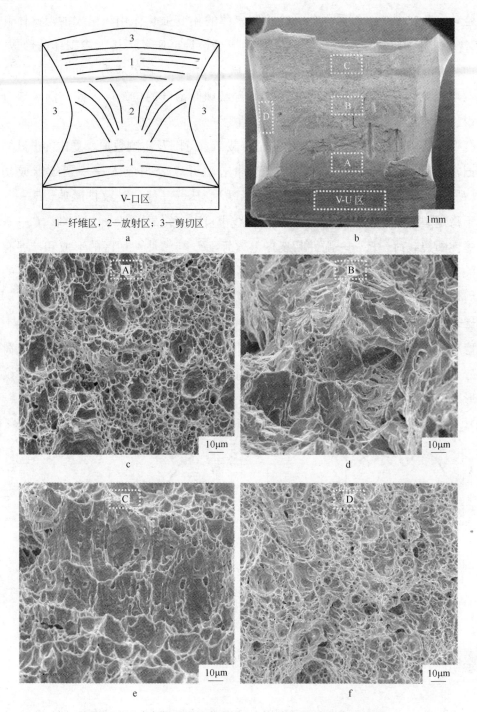

1—纤维区，2—放射区；3—剪切区

V-口区

a

b

1mm

c

10μm

d

10μm

e

10μm

f

10μm

图 2-14　冲击断口的示意图及 -20℃冲击断口的 SEM 形貌

a—示意图；b—宏观断口形貌；c—微观断口 A 区-纤维区；d—微观断口 B 区-放射区；

e—微观断口 C 区-第二纤维或剪切唇区；f—微观断口 D 区-剪切唇区

中，V口承受拉应力，因此塑性变形后微裂纹形成，然后形成纤维区。微裂纹在放射区内扩展很快，直到遇到压应力区，继而裂纹的扩展被塑性变形阻碍，形成第二纤维区。一般说来，与放射区相比，纤维区与剪切唇能够吸收更高的冲击功。本实验钢宏观断口包含的几个明显的区域如图 2-14b 所示：A区代表纤维区，微观断口由大韧窝和小韧窝组成；B 区是放射区，显微断口由小的准解理面、一些细小的韧窝及剪切脊组成；C 区为第二纤维区或剪切唇区，显微断口包含拉长形态的细小韧窝和大韧窝；D 区代表剪切唇区，显微断口均为细小的韧窝。总体来说，冲击断口为韧性断裂形态。

2.3.4　小结

通过对 V-N 微合金钢施加控制轧制与两阶段冷却工艺，研究了其组织性能，并讨论了 V(C,N)的析出与针状铁素体的形核行为。结论如下：

（1）施加控制轧制与两阶段冷却工艺后，显微组织为多边形铁素体和针状铁素体。

（2）屈服强度、抗拉强度、伸长率及断面收缩率分别为 585MPa、680MPa、29.5% 及 55%。−20℃的冲击功为 140J。

（3）20~30nm 的 V(C,N)析出物形成于控制轧制及道次间隔过程，而 3~5nm 的 V(C,N)析出物形成于第二阶段缓慢的连续冷却过程。20~30nm 的析出物为针状铁素体提供相变形核点，3~5nm 的析出物显著提高强度。

（4）理想配比的多边形铁素体和针状铁素体组织获得了优异的强度、韧性及塑性。

VN 中厚板中 VN 析出对组织性能的影响研究工作已经发表，见文献［55］。

2.4　VN 析出物对焊接粗晶热影响区组织性能的影响

2.4.1　研究背景

强度与韧性是大型结构用钢的重要机械性能。晶粒细化是同时提高强度与冲击韧性的唯一机制。微合金钢可以依靠合理的控轧控冷工艺实现晶粒的细化，但是铁素体晶粒的细化在厚规格钢板和锻钢中很难轻易实现，这是由于变形及加速冷却很难在全厚度均匀分布，导致大的变形及温度梯度，因此沿厚度方向不均匀的组织引起差异的性能[21,44]。自从 Arnold 教授将 V 元素第一次加入钢中已经过去 100 多年了。如今，V 微合金化钢已经被广泛开发并应用到结构部件，例如建筑、桥梁、海洋平台及汽车部件等。V 元素与 N 配合由于促进了析出行为和晶粒细化效果因此更为有效。含 V 钢中加入 N 后增大的固溶度积导致析出的孕育期缩短，而且析出物的体积分数增加。VN 析出物独特的作用在于加速晶内铁素体的形核[56~58]。Shim[14] 关于非金属粒子对晶内铁素体形核的潜力做了系统的研究工作，总结出 TiN 及 MnS 对于晶内铁素体的形核呈现惰性，而 VN 更具潜力。VN 与铁素体的晶格错配度为 1.3%，远小于 TiN 的 3.8%，晶内铁素体形核最重要的因素为低能共格界面[59]。在含 S 量 500×10^{-6} 的 V-N 钢中，VN 帽相在 MnS 核相表面形成，MnS + VN 复合夹杂物成为晶内铁素体的优先形核点[9,10]。在含 S 量 50×10^{-6} 的 V-N 钢中，He 和 Edmonds[32] 认为 V 元素偏聚到奥氏体晶粒内部，形成 V 富集区或者 Fe-V 团簇，从能量角度考虑是晶内铁素体的优先形核点。最近，在含 S 量 10×10^{-6} 的 V-N 钢中，Capdevila[38,39] 证明 VN 析出物可以在无 MnS 夹杂物辅助的前提下促进形核针状铁素体形核，而且强度与韧性由于 V-N 微合金化而显著改善。因此，在钢中原奥氏体晶粒尺寸粗大的情况下，应用 V-N 微合金化技术是增强强度与韧性的有效方式。

焊接的热循环过程可以打破低合金高强钢的强度韧性平衡状态，在热影响区（HAZ）内冲击韧性降低[60,61]。钢中原奥氏体晶粒尺寸与奥氏体分解过程的相变关系密切。粗晶热影响区（CGHAZ）的冲击韧性最低。与临界 HAZ 和细晶 HAZ 相比，CGHAZ 是紧邻焊接熔合线的热影响区。CGHAZ 经历高的峰值温度，导致奥氏体晶粒的异常粗化，在冷却过程中，铁素体的形核受到抑制，形成高体积分数的脆性铁素体侧板条和上贝氏体，因此产生局部脆性区（LBZ）。然而，原奥氏体晶粒尺寸越大，微合金碳氮化物的晶内析出比例越高。而且原奥氏体晶粒尺寸增大导致晶界形核几率降低，进而促进了晶内铁素体的形核[34]。因此，在 CGHAZ 内，控制 V(C,N) 析出物能够促进晶内铁素体的形核，改善冲击韧性，然而系统的研究工作还未见报道。

对于给定的峰值温度（CGHAZ 设定 1350℃），最重要的焊接热循环参数为冷却速率。冷却速率通常与 800~500℃ 的冷却时间（$t_{8/5}$）相对应，而且与焊接线能量相关[60,61]。众所周知，冷却速率对低合金高强钢的组织性能有显著的影响[62,63]，因此研究在不同线能量条件下焊接 CGHAZ 的硬度和韧性演变具有重要意义，特别是针对高 N 含量的低合金高强钢[64,65]。然而，在 V-N 微合金化低 S 钢中，焊接热循环参数，组织演变，断裂韧性之间的关系还未建立。在焊接热循环过程中，VN 析出物对晶内铁素体的形核潜力还需更深入的研究。

本研究的目的是调查焊接线能量对 V-N 高强钢中模拟焊接 CGHAZ 显微组织、硬度及韧性的影响。TEM 研究了 VN 的析出行为，应用 EBSD 分析了晶格特征。而且通过观察夏比冲击断口结合微裂纹扩展路径，研究了断裂的微观机制，阐述了焊接线能量、组织演变、析出行为、强化机制及断裂韧性之间的关系。

2.4.2　试验材料及试验方法

2.4.2.1　试验材料

试验用钢为 13mm 厚的 V-N 微合金化钢板。钢板的化学成分及控轧控冷后的力学性能如表 2-1 所示。由式（2-4）和式（2-5）计算出 C 当量（C_{eq}）及焊接裂纹敏感性指数（P_{cm}）分别为 0.44 及 0.22[45,46]。

$$C_{eq} = w(C) + \frac{w(Mn) + w(Si)}{6} + \frac{w(Ni) + w(Cu)}{15} +$$

$$\frac{w(Cr) + w(Mo) + w(V)}{5}$$

$$P_{cm} = w(C) + \frac{w(Si)}{30} + \frac{w(Mn) + w(Cu) + w(Cr)}{20} +$$

$$\frac{w(Ni)}{60} + \frac{w(Mo)}{15} + \frac{w(V)}{10} + 5w(B)$$

表 2-1　钢板的化学成分及控轧控冷后的力学性能

化学成分（质量分数）/%									力学性能			
C	Si	Mn	S	Al	V	N	C_{eq}	P_{cm}	$R_{p0.2}$/MPa	R_m/MPa	A/%	$A_{kV}(-20℃)$/J
0.12	0.2	1.6	0.002	0.03	0.1	0.018	0.44	0.22	595	705	20	118

2.4.2.2　焊接模拟热循环工艺

焊接热循环模拟在 MMS-300 热模拟试验机上进行，研究了 CGHAZ 的组织演变及冲击韧性变化。垂直于控轧控冷钢板的轧向切取焊接模拟试样，加工成 $11mm \times 11mm \times 55mm$。焊接热循环曲线依据 2D Rykalin 数学模型，模拟 $13mm$ 厚钢板的实际焊接过程。试样以 $100℃/s$ 加热至 $1350℃$，等温 $1s$。为了模拟不同的焊接线能量，$t_{8/5}$ 分别选择 $10s$、$20s$、$60s$ 和 $120s$，对应实际焊接的 $17.5kJ/cm$、$24.8kJ/cm$、$42.9kJ/cm$ 和 $60.7kJ/cm$，线能量与 $t_{8/5}$ 的对应关系依据公式 (2-6)[66]，焊接热循环曲线如图 2-15 所示。每个工艺参数重复做 5 次。温度由 type-R 热电偶控制，焊接在试样的中心处，最终控制温度为 $350℃$。为了观察模拟 CGHAZ 的针状铁素体形核点，试样按照焊接热循环曲线 $t_{8/5}20s$ 冷却至 $580℃$，然后快速水淬至室温，在此温度点针状铁素体刚形核而来不及长大。

$$E = \sqrt{\frac{4\pi l\rho ct_{8/5}}{\dfrac{1}{(500 - T_0)^2} - \dfrac{1}{(800 - T_0)^2}}} \cdot d \qquad (2-6)$$

式中　l——热导率为 $0.5W/(cm \cdot ℃)$；

　　　ρ——密度为 $7.8g/cm^3$；

　　　c——比热容为 $1J/(g \cdot ℃)$；

　　　T_0——预热温度为 $20℃$；

　　　d——钢板厚度为 $1.3cm$。

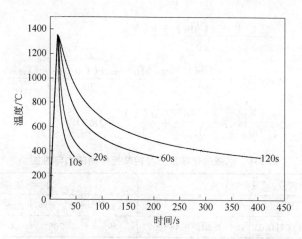

图 2-15　试验测定 CGHAZ 试样的模拟焊接热循环曲线

2.4.2.3　力学性能检测

将经历过焊接热循环过程的试样加工成标准的夏比 V 口冲击试样，尺寸为 10mm × 10mm × 55mm。 −20℃ 冲击试验在 Instron Dynatup 9200 系列仪器化落锤冲击试验机上进行，参照 ASTM E23 试验标准[47]。总冲击吸收功依据最大载荷分为裂纹形成功和裂纹扩展功[51,52]。而且，为了防止试样在转移过程中的温度升高，设定温度比 −20℃ 低 −5℃。每个焊接参数下的冲击试验重复进行 5 次，总冲击功为计算的平均值。维氏硬度应用 FM700 硬度计测定，施加载荷为 500g，每个工艺参数下测定 10 个点。

2.4.2.4　显微组织表征

金相试样切于检测热电偶处附近，研磨抛光，经 4% 硝酸酒精溶液腐蚀后，用 Leica DMIRM OM 及 FEI Quanta 600 SEM 观察。平均 PAGS 测定在金相试样上进行，应用线性截线技术统计至少 50 个截距。为了研究晶界取向差，试样经高氯酸酒精溶液电解抛光后应用 EBSD 系统观察。在断口附近切取试样进行冲击微裂纹分析。TEM 试验应用 FEI Tecnai G^2 F20，加速电压为 200kV，采用 C 萃取复型试样，析出物的化学成分由 EDX 测定。

2.4.3　试验结果

2.4.3.1　焊接线能量对显微组织的影响

图 2-16 为模拟 CGHAZ 试样不同 $t_{8/5}$ 条件下的 OM 显微组织。当 $t_{8/5}$ 为 10s 时，显微组织由板条马氏体、板条贝氏体及少量主魏氏体组成。贝氏体束及主魏氏体从原奥氏体晶界形核生长[67]。贝氏体板条束尺寸大于 30μm，一些不同元奥氏体晶粒内部的板条束互相连接，如图 2-16a 所示。当 $t_{8/5}$ 为 20s 时，显微组织主要为细晶粒状贝氏体、针状铁素体、多边形铁素体/仿晶界铁素体。铁素体的晶粒尺寸为 3 ~ 5μm，粒状贝氏体板条束为 10μm。晶内形核的针状铁素体将大的原奥氏体晶粒分割，如图 2-16b 所示。当 $t_{8/5}$ 为 60s 时，铁素体首先沿原奥氏体晶界形成，伴随着未转变的奥氏体将逐渐 C 富集，由于局部 C 富集而形成退化珠光体薄膜，继而针状铁素体在原奥氏体晶界晶粒内形成。铁素体的晶粒尺寸为 8 ~ 10μm。细小不连续的渗碳体沿退化珠光体薄膜分布，如图 2-16c 所示。当增大 $t_{8/5}$ 到 120s 时，铁素体的晶粒尺寸粗化至 10 ~ 20μm。由于高 C 含量，粗大的珠光体在缓慢的冷却过程中形成，珠光体

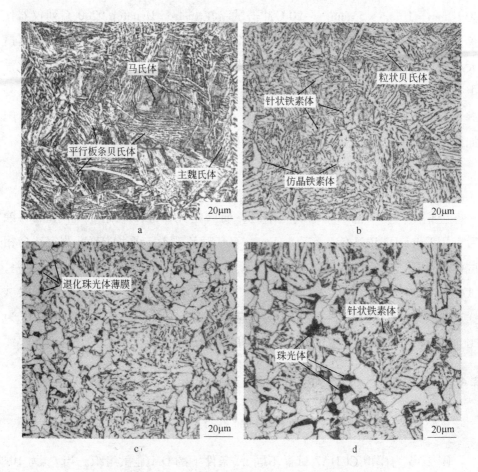

图 2-16　模拟 CGHAZ 试样不同 $t_{8/5}$ 条件下的 OM 显微组织

a—$t_{8/5}$ = 10s；b—$t_{8/5}$ = 20s；c—$t_{8/5}$ = 60s；d—$t_{8/5}$ = 120s

团簇的尺寸为 5 ~ 10μm，如图 2-16d 所示。

当 $t_{8/5}$ 分别为 10s、20s、60s 和 120s 时，原奥氏体晶粒尺寸为 40.35μm、41.66μm、43.56μm 和 44.95μm。原奥氏体晶粒尺寸主要取决于再加热温度，当微合金元素充分溶解后原奥氏体晶粒异常粗化[30]。在高温的冷却过程中，奥氏体也会逐渐粗化，因此原奥氏体晶粒尺寸随着线能量的提高而增大。

图 2-17 为模拟 CGHAZ 试样在不同线能量条件下位相关系图，晶界取向差质量图，及所对应的晶界角度差柱状图。当 $t_{8/5}$ 为 10s 时，板条马氏体由诸多板条束分割，每个板条束由一些板条块组成，这个实验现象在 Kitahara[68]、Morito[69] 和 Lan[48] 的晶体学位相关系研究工作中均有所阐述。然而正如 Lambert-Perlade 观察到的现象一样，粗大的板条贝氏体内部仅含有单一位相[70]。晶界包括低角度晶界、高角度晶界及特殊晶界（Σ3 共格晶界）[71]。在质量图中，灰线代表 2°～15°低角度晶界，黑线代表大于等于 15°的高角度晶界，黄线为 Σ3 共格晶界。高错配度晶粒/板条束界面能有效阻碍甚至捕获解理微裂纹的扩展，而低角度晶界不能引起解理微裂纹的明显偏转[68,70,72~74]。在板条马氏体内部含有高角度的晶界，但在粗大的板条贝氏体内部仅含有少量的低角度晶界。当 $t_{8/5}$ 为 20s 时，细晶多边形铁素体的晶界为大角度晶界。针状铁素体含有互相交织的非平衡板条，并且对原奥氏体晶粒进行有效的分割。一些相邻的板条为高角度晶界，然而由于感生形核机制，也含有少量低角度晶

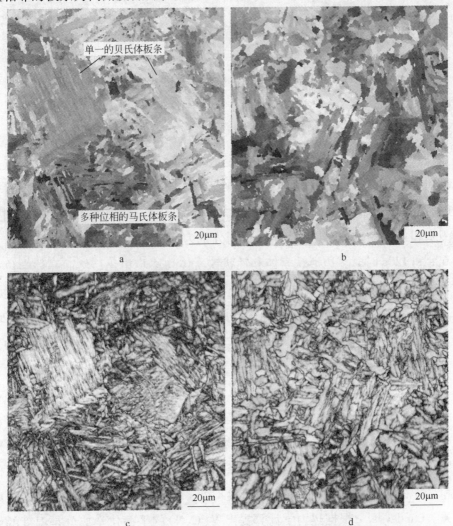

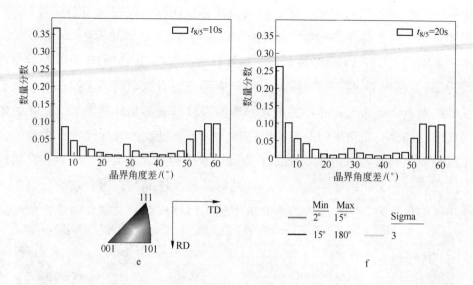

图 2-17 模拟 CGHAZ 试样在不同 $t_{8/5}$ 条件下 EBSD 分析的晶体特征图

a, c, e: $t_{8/5}$ = 10s；b, d, f: $t_{8/5}$ = 20s

a, b—取向差图；c, d—带晶界角度差的质量图；e, f—晶界角度分布柱状图

界。针状铁素体板条内亚晶界的形成是通过感生形核、多边形化、三叉点处非均质形核（已存在的铁素体、析出物、基体），析出物表面形核的铁素体间的碰撞等综合作用[49,50,75]。当 $t_{8/5}$ 为 10s 和 20s 时，低角度晶界比例分别为 52.9% 和 46.7%，$\Sigma3$ 共格晶界的比例分别为 0.096% 和 0.07%。当 $t_{8/5}$ 增大到 60s 和 120s 时，多边形铁素体和针状铁素体均逐步粗化，然而晶体学位相关系没有显著的改变。图 2-18 为模拟 CGHAZ 试样在不同 $t_{8/5}$ 条件下析出物的 TEM 形貌及对应的化学成分。当 $t_{8/5}$ 为 10s 时，析出物不可见。当 $t_{8/5}$ 为 20s 时，形成高体积分数的 3~5nm 细小弥散的析出。当 $t_{8/5}$ 为 60s 时，析出物为 20~30nm，也有少量细小的析出物。当 $t_{8/5}$ 增大到 120s 时，析出物仍然为 20~30nm。通过 EDX 确定析出物为 V(C,N)。

析出物的形态与热力学的过冷度及动力学的扩散速率有关。形核包括新形成核坯前端的局部扩散。临界形核数取决于过冷度，原子的依附频率由局部扩散速率决定，因此在中等过冷度条件下形核速率最大。而且析出物的体积和尺寸在低过冷度时大而在高过冷度时小。析出物的化学成分与形成温度有关。Capdevila[39] 根据热力学计算提出 V(C,N) 的平衡化学成分是温度的函

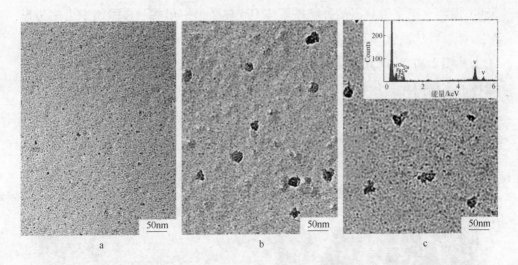

图 2-18　模拟 CGHAZ 试样在不同 $t_{8/5}$ 条件下析出物的 TEM 形貌及对应的化学成分

a—$t_{8/5}$=20s；b—$t_{8/5}$=60s；c—$t_{8/5}$=120s

数，在奥氏体区，V(C,N)析出物富 N，在铁素体区，V(C,N)析出物富 C。奥氏体中的 V(C,N)析出物为针状铁素体的晶内形核点，从而替代了粗大的贝氏体和主魏氏体。一般来说，间隙 N 原子会恶化冲击性能，N 原子在 $t_{8/5}$ 为 20s 时被部分固定，而在 $t_{8/5}$ 为 60s 和 120s 时，被大量消耗。

图 2-19 为模拟 CGHAZ 试样按照 $t_{8/5}$ 为 20s 的焊接热循环曲线冷却至

图 2-19　模拟 CGHAZ 试样按照 $t_{8/5}$ 为 20s 的焊接热循环曲线冷却至
580℃时淬火至室温获得的针状铁素体 OM 显微组织形貌

580℃时淬火至室温获得的针状铁素体 OM 显微组织形貌。显微组织由多边形铁素体、针状铁素体和马氏体组成。晶内形核的针状铁素体板条呈互相交织形态。图 2-20 为 TEM 显微组织形貌。针状铁素体板条由马氏体包围。针状铁素体的高倍图片显示铁素体基体内部含有高体积分数的析出物，如图 2-20a及图 2-20b 所示。图 2-20c 为晶内形核的铁素体，铁素体板条沿不同方向生长，析出物形貌如图 2-20d 所示。

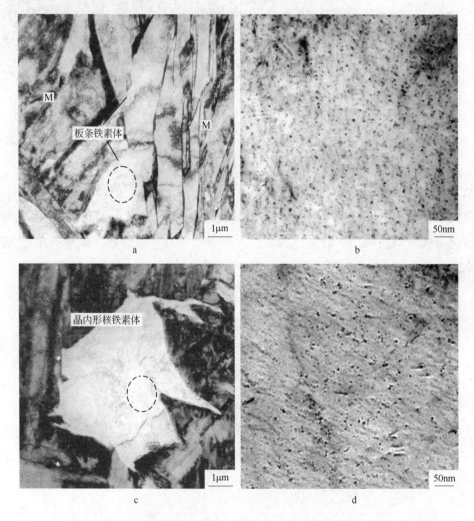

图 2-20　TEM 薄片分析模拟 CGHAZ 试样按照 $t_{8/5}$ 为 20s 的焊接热循环曲线
冷却至 580℃时淬火至室温针状铁素体的形核点
a—针状铁素体板条束；b—针状铁素体板条束内析出物；
c—晶内形核铁素体；d—晶内形核、铁素体内析出物

2.4.3.2 焊接线能量对力学性能的影响

表2-2为模拟CGHAZ试样维氏硬度与$t_{8/5}$的对应关系。当$t_{8/5}$为10s、20s、60s及120s时，硬度分别为302HV、245HV、231HV及222HV。基体、HAZ及焊缝的硬度值应当良好匹配，继而各区域内的均匀变形能够有效缓解焊接接头的应力集中[76]。模拟CGHAZ的高硬度取决于以下多种强化机制：(1) 置换原子(Mn,Si)和间隙原子(C,N)的固溶强化作用；(2) V(C,N)粒子的析出强化作用；(3) 位错强化作用；(4) 有效晶界强化作用；(5) 马氏体、贝氏体、针状铁素体和珠光体的相变强化作用。

表2-2 模拟CGHAZ试样在不同$t_{8/5}$条件下的硬度和冲击韧性

$t_{8/5}$/s	10	20	60	120
硬度 HV	302	245	231	222
总冲击功/J	32.1	53.3	26.2	15.0
裂纹形成功/J	23.6	37.8	13.7	11.7

当$t_{8/5}$为10s时，板条马氏体和板条贝氏体的强化作用而硬度值最高，由于与基体的硬度值（240HV）偏差大而不可取。而当$t_{8/5}$为60s和120s时，由于铁素体晶内尺寸粗化，针状铁素体板条变宽，析出物粗化而硬度值降低。当$t_{8/5}$为20s时，硬度值适中，针状铁素体和粒状贝氏体的相变强化作用，纳米尺度V(C,N)的析出强化作用及有效晶界强化作用使得CGHAZ的硬度值与基体相当。

表2-2为模拟CGHAZ试样在不同$t_{8/5}$条件下的总冲击功和裂纹形成功。当$t_{8/5}$为10s、20s、60s和120s时，冲击功分别为32.1J、53.3J、26.2J及15.0J，裂纹形成功分别为23.6J、37.8J、13.7J及11.7J。$t_{8/5}$为20s时的冲击韧性最佳。

2.4.3.3 显微组织特征对韧性的影响

图2-21为不同$t_{8/5}$条件下冲击断口表面的SEM形貌和第二裂纹扩展路径。当$t_{8/5}$为10s时，断口表面由大的和小的解理面组成，如图2-21a所示。裂纹在板条贝氏体内部呈直线扩展，而终止于贝氏体/马氏体界面处，如图2-21b所

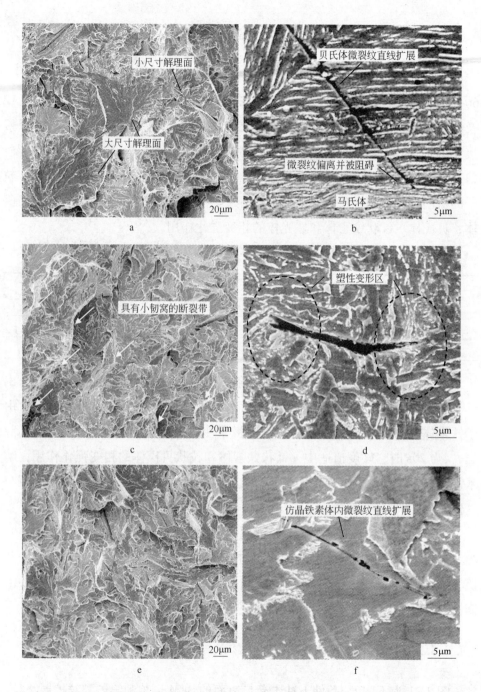

图 2-21 不同 $t_{8/5}$ 条件下冲击断口表面放射区的 SEM 形貌和断裂面下部第二裂纹扩展路径

a—$t_{8/5}$ = 10s 的断裂面；b—$t_{8/5}$ = 10s 的裂纹扩展路径；c—$t_{8/5}$ = 20s 的断裂面；

d—$t_{8/5}$ = 20s 的裂纹扩展路径；e—$t_{8/5}$ = 120s 的断裂面；f—$t_{8/5}$ = 120s 的裂纹扩展路径

示。解理面的尺寸与裂纹扩展路径有关。板条贝氏体内部呈直线的裂纹扩展路径导致大的解理面，而板条马氏体内部曲折的裂纹扩展路径对应小的解理面。大的解理面揭示非常低的裂纹扩展功，而小的解理面暗示高裂纹扩展功。当 $t_{8/5}$ 为 20s 时，解理面尺寸很小，而且含有许多细小的韧窝和剪切脊，如图2-21c所示，由于能量消散机制使得冲击功增大[48]。裂纹发生钝化，而且当裂纹扩展至针状铁素体时形成小的塑性变形区，如图2-21d所示。图2-21d表明针状铁素体作为裂纹拦截相，增大了裂纹扩展功。由于微裂纹频繁地被多边形铁素体、针状铁素体和贝氏体板条束中的大角度晶界偏转，而形成Z字形的裂纹扩展路径，也导致了断口表面细小解理面和韧窝的形成。进一步增大 $t_{8/5}$ 到 60s 和 120s，断口的解理面略有增大，韧窝逐渐消失，如图2-21e所示。微裂纹在粗大的多边形铁素体内部呈直线方式扩展，如图2-21f所示。而且，珠光体成为附加裂纹源，因此裂纹形成功和裂纹扩展功显著降低。

2.4.4　讨论

为了在CGHAZ内获得理想的组织性能，不同线能量条件下的硬度与韧性都需考虑，这与显微组织形态和晶体学特征有关。当 $t_{8/5} = 10s$ 时，板条马氏体和板条贝氏体导致最大的硬度值为302HV，因此与基体（240HV）的高硬度差易造成微区应力集中。粗大的板条贝氏体含有单一位相，而且内部仅有小角度晶界，因此，裂纹以直线方式扩展，且冲击断口形成大的解理面，导致低冲击功。高硬度差和低冲击韧性使得焊接接头出现局部脆性区。当 $t_{8/5} = 20s$ 时，显微组织为细晶多边形铁素体、粒状贝氏体和针状铁素体。硬度值245HV与基体相近，由于硬度变化平缓，因此焊接接头能够均匀变形，而且，能量消散机制（韧窝、剪切脊）获得最大的冲击功。合适的硬度与改善的冲击韧性增大了裂纹形成的临界应力。当 $t_{8/5} = 60s$ 和 120s 时，粗化的多边形铁素体不仅不能阻碍微裂纹的扩展，反而降低硬度，因此，恶化焊接接头的性能。

在奥氏体化温度较低的条件下，V(C,N)析出层能在AlN核相表面非均质形核[34]。依据公式（2-7），实验钢中AlN的完全溶解温度为1301.4℃，因此当峰值温度为1350℃时，AlN粒子的含量很少，而且AlN的析出动力学很缓慢，所以在焊接过程中，AlN与VN间的析出竞争机制很微弱。由于铁素体面与 h. c. p. AlN 晶格重要的面的紧密配合不可能实现[77]。

$$\log[\mathrm{Al}][\mathrm{N}] = \frac{-6770}{T} + 1.03 \tag{2-7}$$

间隙 N 原子一般被认为是对韧性有害的因素。随着焊接线能量的提高，VN 析出物的体积分数增大，因此残余自由 N 原子减少，然而最佳韧性在中等 $t_{8/5}$ 条件下获得。所以显微组织的优化部分弥补了 N 原子对韧性的损害作用。

细小的 VN 析出物甚至富 V 的团簇能够促进 V-N 微合金化低 S 钢中晶内铁素体的形核[32,38,39]。铁素体的晶间形核和晶内形核呈竞争机制。当 $t_{8/5}$ 为 10s 时，板条贝氏体和主魏氏体在原奥氏体晶界形核。提高 $t_{8/5}$ 到 20s 时，细小弥散的 VN 析出物促进少量针状铁素体的形核。进一步提升 $t_{8/5}$ 至 60s 或 120s 时，增大的 VN 析出物尺寸使得晶内形核的潜力增强[21]，然而大量多边形铁素体在高温沿原奥氏体晶界以扩散相变机制形成，然后在较低的温度下以位移的机制相变成为针状铁素体组织。因此，在 V-N 微合金化低 S 钢中，针状铁素体的形成不仅需要晶内形核点，而且也要满足合适的过冷度。虽然随后相变的针状铁素体替代了粗大粒状贝氏体的形成，而且在一定程度上提高了韧性，但是首先形成的粗大晶间形核多边形铁素体表明，在没有 MnS 夹杂物辅助的前提下，VN 析出物的形核潜力弱于 VN + MnS 和 $(\mathrm{Ti},\mathrm{Mn})_2\mathrm{O}_3$[9,10,14,59]，尤其在大线能量的条件下。

2.4.5 小结

研究了高强 V-N 微合金化钢模拟 CGHAZ 在不同 $t_{8/5}$ 条件下的组织演变、硬度、韧性。主要结论如下：

（1）在低线能量条件下，显微组织主要为板条马氏体和板条贝氏体。在粗大的板条贝氏体内部，低角度晶界不能有效偏转裂纹的扩展路径，因此导致冲击断口表面大的解理面，而且与基体的硬度差非常大。

（2）在 $t_{8/5} = 20\mathrm{s}$ 的中等线能量条件下，显微组织为细晶多边形铁素体、粒状贝氏体、针状铁素体及内部高体积分数的 3 ~ 5nm V(C,N) 析出物。模拟 CGHAZ 的硬度与基体良好匹配，而且能量消散机制（韧窝，剪切脊）导致最高的冲击功。

（3）在高线能量的条件下，V(C,N)析出物为 20~30nm。然而，粗大的多边形铁素体不仅不能阻碍裂纹的扩展，而且降低硬度，因此，恶化焊接接头的性能。

（4）优化组织类型、分数、形态和晶格特征能够部分弥补自由 N 原子对韧性的损害作用。

（5）细小的 VN 析出物促进了针状铁素体的晶内形核，改善了韧性。然而，大线能量条件下的过冷度不足，因此在没有 MnS 夹杂物辅助时，细小 VN 析出物的形核潜力有限。

VN 析出物对粗晶热影响区组织性能的影响研究工作已经发表，见文献[36]。

2.5 VN 析出物对多道次焊接临界再加热粗晶热影响区组织性能的影响

2.5.1 研究背景

高强度低合金钢的特点是高强度与高韧性的良好匹配。然而，高强度与高韧性的平衡能被焊接热循环打破，在 HAZ 形成低韧性区[61]。在单道次焊接过程中，由于形成不理想的粗大侧板条铁素体（上贝氏体、魏氏体）[78,79]，在 CGHAZ 形成低韧性区。在两道次焊接叠加焊珠的情况下，第一道次形成的 CGHAZ 依据与第二道次焊缝熔合线的距离而被加热到不同的峰值温度，可分为如下几类区域[80,81]：（1）再加热至 500℃ ~ A_{c1} 之间为亚临界再加热 CG HAZ(SRCG HAZ)；（2）再加热至 A_{c1} ~ A_{c3} 之间为临界再加热 CG HAZ(ICRCG HAZ)；（3）再加热至 A_{c3} ~ 1100℃ 之间为超临界再加热 CG HAZ(SCRCG HAZ)；（4）未再加热或再加热至 1100℃ 以上为未改变再加热 CG HAZ(UACG HAZ)。

在多道次焊接形成的 ICRCG HAZ 中，由于第二道次焊珠再加热 CG HAZ 结构进入奥氏体/铁素体两相区。当再加热具有粗大原奥氏体晶粒尺寸的 CG HAZ 时，奥氏体优先在第一道次焊接形成的原奥氏体晶界（PAGB）形核生长，在一定程度上也沿着贝氏体板条界面。由于奥氏体中 C 原子的高扩散速率及高溶解度，这些奥氏体岛内部 C 富集，继而在冷却过程中相变为硬且脆的 M/A 岛，沿着 PAGB 形成 M/A 岛链。即使钢中的总体 C 含量约为 0.06%，通过实验检测到 M/A 岛粒子中的 C 含量约为 1.07% ~ 1.32%[61,79]。低碳钢中的 ICRCG HAZ 普遍被认为是低韧性的，而且低于 UACG HAZ。韧性的损失主要归因于沿 PAGB M/A 岛的形成[61,79,81~83]。

HSLA 钢强度的提高主要通过单独或共同添加 Nb、V、Ti 引起的析出强化和细晶强化。Nb、V、Ti 固溶原子抑制奥氏体向铁素体转变，而微合金析出物和夹杂物降低奥氏体的稳定性[84]。与 Nb(C,N) 和 Ti(C,N) 相比，Ti 的氧化物和 V 的碳氮化物在促进铁素体形核方面具有更强的潜力。VN（晶格常数 0.4139nm）与铁素体（晶格常数 0.2865nm）在 $(100)_{VN}//(100)_\alpha$ 面促进了铁素体的形核[14,77,85~87]。V 与 N 结合能促进析出行为且增强晶粒细化效果。添加 N 到 V 微合金钢中，由于提高了 V 与 N 的固溶度积，因此缩短了 V 碳氮化物的孕育期且增大了体积分数[38]。根据上述机理，研究了 V(C,N) 析出物对 ICRCG HAZ 组织演变与韧性的影响，此研究工作还未见报道。

本章节研究了低碳 V-N 微合金化钢在不同 T_{p2} 条件下再加热 CG HAZ 的组织、韧性与硬度，主要为了阐明 V(C,N) 析出物对奥氏体相变行为的决定作用。

2.5.2 试验材料及试验方法

2.5.2.1 试验材料

试验钢的化学成分（质量分数,%）为 0.058 C，0.15 Si，1.8 Mn，0.002 S，0.03 Al，0.12 ~ 0.18 V，0.015 ~ 0.02 N，Fe 余量。试验钢由真空感应炉熔炼，然后铸造成 150kg 钢锭。钢锭通过控制轧制及两阶段冷却获得试验用钢板[88]。

应用 Thermocalc 软件结合 TCFE6 数据库，计算出 V(C,N) 析出物在 800℃ 平衡态的体积分数为 0.16%。A_{e1} 和 A_{e3} 分别为 654℃ 和 840℃。因此，T_{p2} 选取 600℃、800℃、1000℃ 和 1300℃ 分别处于 SRCG HAZ、ICRCG HAZ、SCRCG HAZ 和 UACG HAZ。

2.5.2.2　焊接热模拟工艺

焊接热循环模拟在 MMS-300 热模拟试验机上进行。模拟试样取于钢板中心垂直于轧向，加工成 11mm×11mm×55mm。焊接热模拟由闭环控制系统根据 2-D Rykalin 数学模型模拟 20mm 厚钢板的焊接过程。加热机制为欧姆加热，冷却机制为自然冷却和氮气冷却匹配。在第一道次循环过程中，预热温度选取 20℃。试样以 100℃/s 加热至 1300℃，保温 1s。$t_{8/5}$ 为 20s，层间温度 150℃，焊接线能量相当于实际焊接的 38.1kJ/cm。在第二道次焊接过程中，试样以 100℃/s 分别加热至 600℃、800℃、1000℃ 及 1300℃，随后等温 1s。$t_{8/5}$ 为 20s，最终控制温度为 250℃，焊接线能量相当于实际焊接的 26.0kJ/cm。HAZ 模拟试验测定的焊接热循环曲线如图 2-22 所示。每个条件重复进行 5 次。温度由焊接在试样中部的 R-型热电偶控制，等温过程中的精度为 ±1℃，非等温过程中的精度为 ±3℃。在 5mm 的半径内没有明显的温度梯度。因此组织观察和力学性能检测均在此区域内进行。

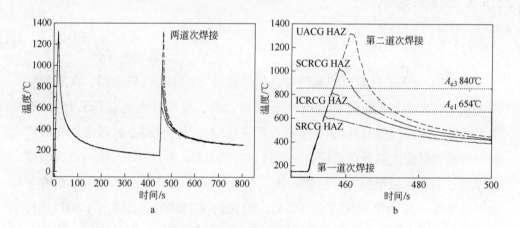

图 2-22　HAZ 模拟试验测定的焊接热循环曲线

a—两道次焊接；b—第二道次焊接放大图

2.5.2.3　力学性能检测

焊接热循环后的试样加工成标准 V 口夏比冲击样品，尺寸为 10mm×10mm×55mm。−20℃ 的冲击实验在 Instron Dynatup 9200 系列仪器化落锤冲击试验机上进行，按照 ASTM E23 标准进行。试验设定温度在 - 20℃ 以下 5℃，以防止试样在转移至试验机的过程中温度回升。通过 FM700 硬度计测定维氏硬度，500g 载荷形成的压痕区域能够覆盖典型组织。韧性和硬度值为 5 个测定值的平均数。

2.5.2.4　显微组织表征

金相试样研磨抛光后经 4% 的硝酸酒精溶液腐蚀，利用 Leica DMIRM OM 及 Zeiss Ultra 55 SEM 观察，析出物成分通过 EDX 分析。试样通过高氯酸酒精溶液腐蚀后用 SEM 的 EBSD 观察组织形貌。采用 Flamenco 软件扫描 EBSD 图，步长为 0.3μm，利用 HKL-Channel 5 软件分析。元素分析在 JEOL JXA-8230F 型 EPMA 上进行，配有 WDX。C 含量图为相对分布图而不是实际分布图。冲击韧性试样的微裂纹分析在断口表面附近进行，抛光试样经 4% 硝酸酒精溶液腐蚀后，通过 FEI Quanta 600 SEM 观察。

2.5.3　试验结果与讨论

2.5.3.1　显微组织演变

图 2-23 为光学显微组织和附带晶界错配分布的 EBSD 质量图。在质量图中，灰线代表相邻晶粒间 2°～15° 的低角度晶界，黑线对应大于等于 15° 的高角度晶界。高错配度晶界/板条束界面能有效偏转或甚至终止解理微裂纹的扩展，然而低错配度晶界很难使裂纹偏转。如图 2-23a 和 b 所示，第一道次焊接热循环过后，显微组织为针状铁素体、粒状贝氏体和少量沿 PAGB 分布的多边形铁素体，其中层间温度为 150℃，定义为 T_{p2} 150℃。在 T_{p2} 为 800℃ 时，PAGB 内部的针状铁素体和粒状贝氏体被回火，沿 PAGB 分布的粒状贝氏体再奥氏体化后又相变为带有高角度晶界的 1～3μm 左右超细晶铁素体。而且，单位面积内超细晶铁素体的高角度晶界分数大于周围的针状铁素体，如图 2-23c 和 d 所示。在 T_{p2} 为 1000℃ 时，奥氏体化几乎完成，细小的奥氏体在 PAGB 和贝氏体板条形核。而且，再结晶后原奥氏体晶粒尺寸进一步细化。在随后的冷却过程中，形成了多边形铁素体，细小的珠光体和 M/A 岛，如图 2-23e 和 f 所示。

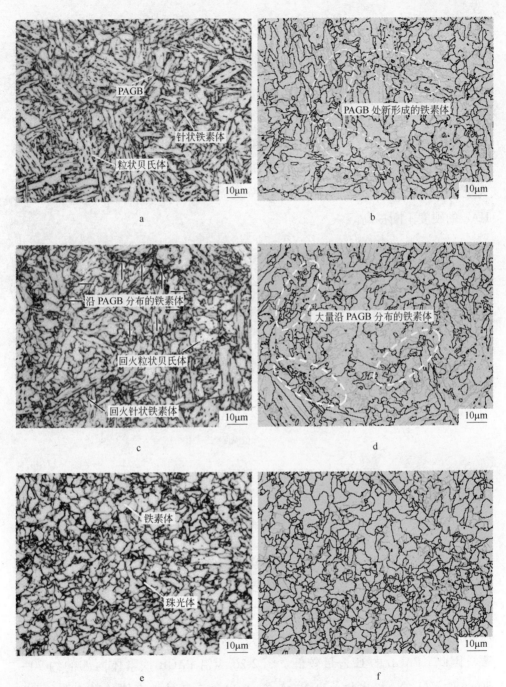

图 2-23　OM 显微组织和附带晶界错配分布的 EBSD 质量图

金相图：a—T_{p2} = 150℃；c—T_{p2} = 800℃；e—T_{p2} = 1000℃

EBSD 图：b—T_{p2} = 150℃；d—T_{p2} = 800℃；f—T_{p2} = 1000℃

2.5.3.2 力学性能

图 2-24 为模拟 HAZ 试样不同 T_{p2} 条件下的冲击功。当 T_{p2} 为 150℃、600℃、800℃、1000℃ 及 1300℃ 时，冲击吸收功分别为 51.6J、56.5J、60.8J、111.0J 及 48.6J，硬度分别为 260.17HV、245.07HV、257.13HV、267.19HV 及 253.2HV，误差范围 ±6HV。与 UACG HAZ 相比，由于回火的影响，SRCG HAZ 的硬度降低，韧性提高，然而 ICRCG HAZ 的韧性提高现象较为反常。由于细晶铁素体高角度晶界的强化作用，ICRCG HAZ 和 SCRCG HAZ 的硬度不断提高。

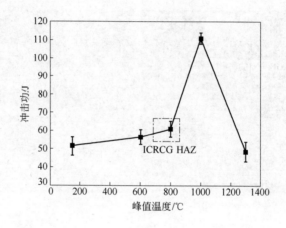

图 2-24 模拟 HAZ 试样不同 T_{p2} 条件下的冲击功

2.5.3.3 组织特征与力学性能间的关系

图 2-25 为 ICRCG HAZ 试样的 SEM 形貌及 EPMA C 分布图。M/A 岛尺寸小于 1μm，沿 PAGB 并在细晶铁素体周围均匀分布。在 EPMA 图中，颜色浅的区域代表低 C 含量，颜色越深区域代表 C 含量越高。铁素体和针状铁素体板条呈灰色。PAGB 上和内部 M/A 岛的 C 含量相似。极少数的 M/A 岛含量高。因此，PAGB 的 C 含量较低。图 2-26 为沿 PAGB 铁素体内部的约 20 ~ 30nm 的 V(C,N)析出物，且 V(C,N)析出物为细晶铁素体的形核点。由于 ICRCG HAZ 细小的原奥氏体晶粒尺寸和高密度的铁素体形核点，超细晶铁素体沿 PAGB 形核。

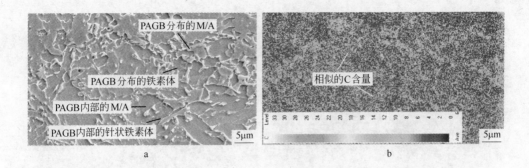

图 2-25　ICRCG HAZ 试样的 SEM 形貌（a）及 EPMA C 分布图（b）

a—SEM 图片；b—EPMA 中的 C 元素分布图

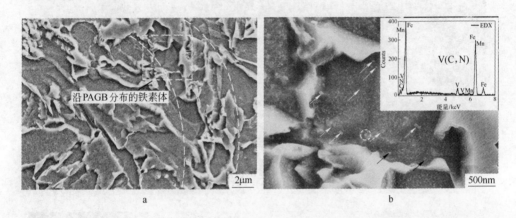

图 2-26　ICRCG HAZ 试样的 SEM 形貌（a）及析出物形貌（b）

　　图 2-27 为不同 T_{p2} 条件下，冲击断口放射区表面及第二裂纹扩展路径的 SEM 形貌。当 T_{p2} 为 150℃时，显微组织为针状铁素体、粒状贝氏体和少量多边形铁素体。针状铁素体在 V(C,N) 析出物表面晶内形核，粒状贝氏体从 PAGB 形核长大[36,67]。与针状铁素体相比，粒状贝氏体含有低密度的高角度晶界。因此，在粒状贝氏体中微裂纹呈直线扩展，冲击断口形成大的解理面，然而微裂纹的扩展转向并终止于针状铁素体，导致形成细小的解理面，如图 2-27a 和 b 所示。当 T_{p2} 为 800℃时，沿 PAGB 的粒状贝氏体再奥氏体化，随后相变成 1～3μm 左右具有大角度晶界的超细晶铁素体。结果微裂纹扩展被超细晶铁素体终止，在断口表面形成了韧窝和小解理面。而且穿晶断裂特征展示出沿 PAGB 的超细晶铁素体的高韧性，如图 2-27c 和 d 所示。解理断裂的开

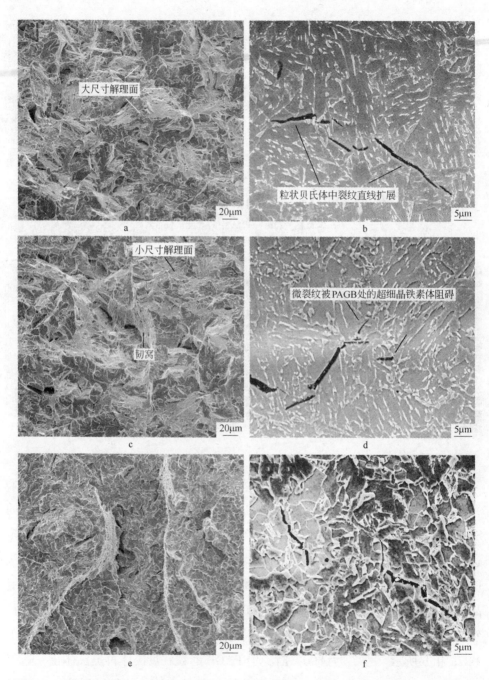

图 2-27 不同 T_{p2} 条件下冲击断口放射区表面及断口表面下方第二裂纹扩展路径的 SEM 形貌

断裂面：a—$T_{p2}=150℃$；c—$T_{p2}=800℃$；e—$T_{p2}=1000℃$

裂纹扩展路径：b—$T_{p2}=150℃$；d—$T_{p2}=800℃$；f—$T_{p2}=1000℃$

端取决于裂纹源的尺寸和断裂面尺寸，因为断裂面尺寸决定了微裂纹扩展的临界条件。形成细小的断裂面的组织展示了其能阻碍不稳定解理断裂，即使在相对大的裂纹源存在的条件下。终止裂纹扩展的能力是解理断裂到失效过程的首要因素[89]。研究表明形成超细晶铁素体能显著增强冲击韧性[22]，因此 ICRCG HAZ 韧性的提高主要归因于沿 PAGB 超细晶铁素体的形成而替代了原始的粒状贝氏体。当 T_{p2} 为 1000℃时，细晶多边形铁素体提供了高的解理断裂阻力，因而展示了 Z 字形的微裂纹扩展路径，在整个断口表面的放射区形成了韧窝、剪切脊和非常细小的解理面，如图 2-27e 和 f 所示。SCRCG HAZ 获得了最高硬度-韧性匹配，此焊接热循环参数代表了热处理低碳 V-N 钢的最佳工艺制度。

　　M/A 岛和 V(C,N)析出物由于硬度高于周围基体，因此易成为裂纹源。根据 Griffith 裂纹扩展理论，粗大的硬相组织促进微裂纹的形成，并降低裂纹形成功，尤其在聚集的条件下。对于弥散且粒状相，微裂纹尺寸可以大概认为是其最大直径，随着直径的增大，微裂纹形成功降低[90]。20 ~ 30nm 左右的 V(C,N)析出物由于尺寸细小而对韧性基本无害。M/A 岛作为空位的形核点，其硬度、尺寸和体积分数是决定冲击韧性的三项重要因素。PAGB 处 M/A 岛的尺寸和分布受过冷奥氏体稳定性的影响。在冷却过程中，高 C 含量且 Nb-Ti 固溶微合金元素稳定的过冷奥氏体直到马氏体相变开始温度始终保持稳定，继而形成了粗大的 M/A 岛。与之对比的是，在低 C 且含有铁素体有效形核点 V(C,N)的奥氏体中，铁素体首先形核，分割过冷奥氏体形成细小片段，最终导致 M/A 岛的细化。M/A 岛的硬度随着 C 含量的提高而单调增加[91]。高 N 含量促进了 V(C,N)的析出行为。形成大量的 V(C,N)析出物消耗奥氏体中的 C 含量，低 C 富集引起沿 PAGB M/A 岛硬度的降低。

　　综上所述，冲击韧性取决于微裂纹形成功和微裂纹扩展功。对于裂纹形成功，V(C,N)析出物显著提高 ICRCG HAZ 的冲击韧性，这归因于高密度的铁素体形核点分割过冷奥氏体成细小片段，导致 M/A 岛的细化。而且，V(C,N)析出物降低了 M/A 岛的 C 含量，降低其硬度。裂纹扩展功取决于高角度晶界的密度，在这方面，针状铁素体和多边形铁素体含有高角度晶界，而粒状贝氏体的板条束由低角度晶界组成。而且，细晶铁素体能够终止微裂纹的扩展，如图 2-27d 和 f 所示，与针状铁素体相比，其含有的高角度晶界的密度更大，如图 2-23d 和 f 所示。因此，由于高角度晶界密度的不同，冲击韧性应当依照如下顺序：超细晶铁素体 > 针状铁素体 > 粒状贝氏体。

2.5.4 小结

本部分工作研究了峰值温度对低碳 V-N 微合金钢模拟再加热粗晶热影响区组织演变和冲击韧性的影响。主要结论如下：

（1）在 T_{p2} 为 150℃ 的 UACG HAZ 中，显微组织由针状铁素体、粒状贝氏体和少量多边形铁素体组成。在 T_{p2} 为 800℃ 的 ICRCG HAZ 中，分布于 PAGB 内部的针状铁素体和粒状贝氏体发生回火，部分沿 PAGB 的粒状贝氏体再奥氏休化，随后相变成 $1\sim3\mu m$ 左右的超细晶铁素体。在 T_{p2} 为 1000℃ 的 SCRCG HAZ 中，显微组织由多边形铁素体、细小的退化珠光体和 M/A 岛组成。

（2）T_{p2} 为 1000℃ 时，由于细小的多边形铁素体晶粒尺寸，得到最高的硬度-韧性匹配。此焊接热循环参数为低碳 V-N 钢提供了最优的热处理工艺制度。

（3）ICRCG HAZ 中很难发现沿 PAGB 大尺寸且链状分布的 M/A。$20\sim30nm$ 左右的 V(C,N) 析出物为沿 PAGB 细晶铁素体的形核点，导致 M/A 岛超细化至小于 $1\mu m$。N 促进了 V(C,N) 的析出行为，高密度 V(C,N) 析出物消耗了奥氏体中的 C 含量，由于低 C 富集，因此降低了 M/A 岛的硬度。

（4）与低碳 Nb-Ti 钢 ICRCG HAZ 的低韧性相比，低碳 V-N 钢 ICRCG HAZ 的韧性得到改善。这个独特的行为归因于沿 PAGB 高角度晶界的超细晶铁素体的形成替代了低角度晶界的粒状贝氏体，增大了裂纹扩展功。而且由于避免了粗大坚硬 M/A 岛的形成，提高了裂纹形成功。

VN 析出物对临界再加热粗晶热影响区组织性能的影响研究工作已经发表，见文献 [92]。

参 考 文 献

[1] Senuma T. Physical metallurgy of modern high strength steel sheets [J]. ISIJ Int., 2001, 41: 520.

[2] Shim J H, Cho Y W, Chung S H, et al. Nucleation of intragranular ferrite at Ti_2O_3 particle in low carbon steel[J]. Acta Mater., 1999, 47: 2751.

[3] Calcagnotto M, Adachi Y, Ronge D, et al. Deformation and fracture mechanisms in fine and ul-trafine-grained ferrite/martensite dual-phase steels and the effect of aging[J]. Acta Mater., 2011, 59: 658.

[4] Song R, Ponge D, Raabe D, et al. Overview of processing, microstructure and mechanical prop-erties of ultrafine grained bcc steels[J]. Mater. Sci. Eng. A, 2006: 44: 1.

[5] Song R, Ponge D, Raabe D. Mechanical properties of an ultrafine grained C-Mn steel processed by warm deformation and annealing[J]. Acta Mater., 2005, 53: 4881.

[6] Funakawa Y, Shiozaki T, Tomita K, et al. Development of high strength hot-rolled sheet steel consisting of ferrite and nanometer-sized carbides[J]. ISIJ Int., 2004, 44: 1945.

[7] Misra R D K, Nathani H, Hartmann J E, et al. Microstructural evolution in a new 770MPa hot rolled Nb-Ti microalloyed steel[J]. Mater. Sci. Eng. A, 2005, 394: 339.

[8] Hossein Nedjad S, Farzaneh A. Formation of fine intragranular ferrite in cast plain carbon steel inoculated by titanium oxide nanopowder[J]. Scripta Mater., 2007, 57: 937.

[9] Ishikawa F, Takahashi T. The formation of intragranular ferrite plates in medium-carbon steels for hot-forging and its effect on the toughness[J]. ISIJ Int., 1995, 35: 1128.

[10] Ishikawa F, Takahashi T, Ochi T. Intragranular ferrite nucleation in medium-carbon vanadium steels[J]. Metall. Mater. Trans. A, 1994, 25A: 929.

[11] Byun J S, Shim J H, Cho Y W, et al. Non-metallic inclusion and intragranular nucleation of ferrite in Ti-killed C-Mn steel[J]. Acta Mater., 2003, 51: 1593.

[12] Medina S F, Gomez M, Rancel L. Grain refinement by intragranular nucleation of ferrite in a high nitrogen content vanadium microalloyed steel[J]. Scripta Mater., 2008, 58: 1110.

[13] Miyamoto G, Shinyoshi T, Yamaguchi J, et al. Crystallography of intragranular ferrite formed on (MnS + V(C,N)) complex precipitate in austenite[J]. Scripta Mater., 2003, 48: 371.

[14] Shim J H, Oh Y J, Suh J Y, et al. Ferrite nucleation potency of non-metallic inclusions in me-dium carbon steels[J]. Acta Mater., 2001, 49: 2115.

[15] Craven A J, He K, Garvie L A J, et al. Complex heterogeneous precipitation in titanium-niobi-um microalloyed Al-killed HSLA steels-I. (Ti,Nb)(C,N) particles[J]. Acta Mater., 2000, 48: 3857.

[16] Hong S G, Kang K B, Park C G. Strain-induced precipitation of NbC in Nb and Nb-Ti microal-loyed HSLA steels[J]. Scripta Mater., 2002, 46: 163.

[17] Hong S G, Jun H J, Kang K B, et al. Evolution of precipitates in the Nb-Ti-V microalloyed HSLA steels during reheating[J]. Scripta Mater., 2003, 48: 1201.

[18] Taylor K A. Solubility products for titanium-, vanadium-, and niobium-carbide in ferrite[J].

Scripta Metall. Mater. , 1995, 32: 7.

[19] Yi H L, Du L X, Wang G D, et al. Development of a hot-rolled low carbon steel with high yield strength[J]. ISIJ Int. , 2006, 46: 754.

[20] Gregg J M, Bhadeshia H K D H. Solid-state nucleation of acicular ferrite on minerals added to molten steel[J]. Acta Mater. , 1997, 45: 739.

[21] Hajeri K F A, Garcia C I, Hua M J, et al. Particle-stimulated nucleation of ferrite in heavy steel sections[J]. ISIJ Int. , 2006, 46: 1233.

[22] Kimura Y, Inoue T, Yin F, et al. Inverse temperature dependence of toughness in an ultrafine grain-structure steel[J]. Science, 2008, 320: 1057.

[23] Pickering F B. Physical metallurgy of microalloyed steels[M]. London: Applied science publishers, 1978.

[24] Miyamoto G, Shinyoshi T, Yamaguchi J, et al. Crystallography of intragranular ferrite formed on (MnS + V(C,N)) complex precipitate in austenite[J]. Scripta Mater. , 2003, 48: 371.

[25] Pan T, Yang Z G, Zhang C, et al. Kinetics and mechanisms of intragranular ferrite nucleation on non-metallic inclusions in low carbon steels [J]. Mater. Sci. Eng. A, 2006, 438 ~ 440: 1128.

[26] Hu J, Du L X, Wang J J. Effect of V on intragranular ferrite nucleation of high Ti bearing steel [J]. Scripta Mate. , 2013, 68: 953 ~956.

[27] Rodrigues P C M, Pereloma E V, Santos D B. Mechanical properties of an HSLA bainitic steel subjected to controlled rolling with accelerated cooling [J]. Mater. Sci. Eng. A, 2000, 283: 136 ~143.

[28] Morrison W B. Microalloy steels- the beginning[J]. Mater. Sci. Technol. , 2009, 25: 1066 ~ 1073.

[29] Vervynckt S, Verbeken K, Lopez B, et al. Modern HSLA steels and role of non-recrystallisation temperature[J]. Int. Mater. Rev. , 2012, 57: 187 ~207.

[30] Nakata N, Militzer M. Modeling of microstructure evolution during hot rolling of a 780MPa high strength steel[J]. ISIJ Int. , 2005, 45: 82 ~90.

[31] Zajac S, Siwecki T, Hutchinson W B, et al. Strengthening mechanisms in vanadium microalloyed steels intended for long products[J]. ISIJ Int. , 1998, 38: 1130 ~1139.

[32] He K, Edmonds D V. Formation of acicular ferrite and influence of vanadium alloying[J]. Mater. Sci. Technol. , 2002, 18: 289 ~296.

[33] Ricks R A, Howell P R, Barritte G S. The nature of acicular ferrite in HSLA steel weld metals [J]. J. Mater. Sci. , 1982, 17: 732 ~740.

[34] Capdevila C, Caballero F G, Garcia-Mateo C, et al. The role of inclusions and austenite grain size on intragranular nucleation of ferrite in medium carbon microalloyed steels[J]. Mater. Trans. , 2004, 45: 2678 ~ 2685.

[35] Lee C H, Bhadeshia H K D H, Lee H C. Effect of plastic deformation on the formation of acicular ferrite[J]. Mater. Sci. Eng. A, 2003, 360: 249 ~ 257.

[36] Hu J, Du L X, Wang J J, et al. Effect of welding heat input on microstructures and toughness in simulated CGHAZ of V-N high strength steel[J]. Mater. Sci. Eng. A, 2013, 577: 161 ~ 168.

[37] Madariaga I, Gutierrez I. Role of the particle matrix interface on the nucleation of acicular ferrite in a medium carbon microalloyed steel[J]. Acta Mater. , 1999. 47: 951 ~ 960.

[38] Capdevila C, Garcia-Mateo C, Chao J, et al. Effect of V and N precipitation on acicular ferrite formation in sulfur-lean vanadium steels[J]. Metall. Mater. Trans. A, 2009, 40A: 522 ~ 538.

[39] Capdevila C, Garcia-Mateo C, Cornide J, et al. Effect of V precipitation on continuously cooled sulfur-lean vanadium-alloyed steels for long products applications [J]. Metall. Mater. Trans. A, 2011, 42A: 3743 ~ 3751.

[40] Babu S S, Bhadeshia H K D H. Mechanism of the transition from bainite to acicular ferrite[J]. Mater. Trans. JIM, 1991, 32: 679 ~ 688.

[41] Babu S S, Bhadeshia H K D H. Transition from bainite to acicular ferrite in reheated Fe-Cr-C weld deposits[J]. Mater. Sci. Technol. 1990, 6: 1005 ~ 1020.

[42] Madariaga I, Gutierrez I, Garcia-de Andres C, et al. Acicular ferrite formation in a medium carbon steel with a two stage continuous cooling[J]. Scripta. Mater. , 1999, 41: 229 ~ 235.

[43] Jonas J J. Effect of interpass time on the hot rolling behaviour of microalloyed steels [J]. Mater. Sci. Forum, 1998, 284 ~ 286: 3 ~ 14.

[44] Capdevila C, Garcia-Mateo C, Chao J, et al. Advanced vanadium alloyed steel for heavy product applications[J]. Mater. Sci. Technol. , 2009, 25: 1383 ~ 1386.

[45] Amer A E, Koo M Y, Lee K H, et al. Effect of welding heat input on microstructure and mechanical properties of simulated HAZ in Cu containing microalloyed steel[J]. J. Mater. Sci. , 2010, 45: 1248 ~ 1254.

[46] Lan L, Qiu C, Zhao D, et al. Analysis of martensite-austenite constituent and its effect on toughness in submerged arc welded joint of low carbon bainitic steel[J]. J. Mater. Sci. , 2012, 47: 4732 ~ 4742.

[47] Annual Book of ASTM Standards, ASTM Designation, E8 and E23, vol. 03. 01, Philadelphia, PA, 1995: 142.

［48］ Lan L, Qiu C, Zhao D, et al. Microstructural characteristics and toughness of the simulated coarse grained heat affected zone of high strength low carbon bainitic steel ［ J ］. Mater. Sci. Eng. A, 2011, 529: 192 ~ 200.

［49］ Yang J R, Bhadeshia H K D H. Orientation relationships between adjacent plates of acicular ferrite in steel weld deposits［J］. Mater. Sci. Technol. , 1989, 5: 93 ~ 97.

［50］ Kim Y M, Lee H, Kim N J. Transformation behavior and microstructural characteristics of acicular ferrite in linepipe steels［J］. Mater. Sci. Eng. A, 2008, 478: 361 ~ 370.

［51］ Chen B Y, Shi Y W. Studies on the temperature dependence of Charpy V-notch initiation energies for a pipeline steel and its welds［J］. Int. J. Pres. Ves. Pip. , 1989, 38: 275 ~ 292.

［52］ Cvetkovski S, Adziev T, Adziev G, et al. Instrumented testing of simulated Charpy specimens made of microalloyed Mn-Ni-V steel［J］. Eur. Struct. Integr. Soc. , 2002, 30: 95 ~ 102.

［53］ Deng W, Gao X, Qin X, et al. Impact fracture behavior of X80 pipeline steel［J］. Acta Metall. Sin. , 2010, 46: 533 ~ 540.

［54］ Hashemi S H. Apportion of Charpy energy in API 5L grade X70 pipeline steel［J］. Int. J. Pres. Ves. Pip. , 2008, 85: 879 ~ 884.

［55］ Hu Jun, Du Linxiu, Wang Jianjun, et al. Structure-mechanical property relationship in low carbon microalloyed steel plate processed using controlled rolling and two-stage continuous cooling［J］. Materials Science and Engineering A, 2013, 585: 197 ~ 204.

［56］ Lagneborg R, Siwecki T, Zajac S, et al. The role of vanadium in microalloyed steels［J］. Scan. J. Metall. , 1999, 28: 186 ~ 242.

［57］ Baker T N. Processes, microstructure and properties of vanadium microalloyed steels［J］. Mater. Sci. Technol. , 2009, 25: 1083 ~ 1107.

［58］ Senuma T. Present status of and future prospects for precipitation research in the steel industry ［J］. ISIJ Int. , 2002, 42: 1 ~ 12.

［59］ Glisic D, Radovic N, Koprivica A, et al. Influence of reheating temperature and vanadium content on transformation behavior and mechanical properties of medium carbon forging steels ［J］. ISIJ Int. , 2010, 50: 601 ~ 606.

［60］ Li Y, Crowther D N, Green M J W, et al. The effect of vanadium and niobium on the properties and microstructure of the intercritically reheated coarse grained heat affected zone in low carbon microalloyed steels［J］. ISIJ Int. , 2001, 41: 46 ~ 55.

［61］ Davis C L, King J E. Cleavage initiation in the intercritically reheated coarse-grained heat-affected zone: Part I. Fractographic evidence ［J］. Metall. Mater. Trans. A, 1994, 25A: 563 ~ 573.

[62] Shanmugam S, Ramisetti N K, Misra R D K. Effect of cooling rate on the microstructure and mechanical properties of Nb-microalloyed steels[J]. Mannering T, Panda D, Jansto S, Mater. Sci. Eng. A, 2007, 460~461: 335~343.

[63] Hu J, Du L X, Wang J J. Effect of cooling procedure on microstructures and mechanical properties of hot rolled Nb-Ti bainitic high strength steel[J]. Mater. Sci. Eng. A, 2012, 554: 79~85.

[64] Li C, Wang Y, Han T, et al. Microstructure and toughness of coarse grain heat-affected zone of domestic X70 pipeline steel during in-service welding[J]. J. Mater. Sci., 2011, 46: 727~733.

[65] Bang K, Park C, Liu S. Effects of nitrogen content and weld cooling time on the simulated heat-affected zone toughness in a Ti-containing steel[J]. J. Mater. Sci., 2006, 41: 5994~6000.

[66] Rykalin N N. Calculation of heat processes in welding[D]. Moscow, U. S. S. R., 1960.

[67] Thewlis G. Classification and quantification of microstructures in steels[J]. Mater. Sci. Technol., 2004, 20: 143~160.

[68] Kitahara H, Ueji R, Tsuji N, et al. Crystallographic features of lath martensite in low-carbon steel[J]. Acta Mater., 2006, 54: 1279~1288.

[69] Morito S, Huang X, Furuhara T, et al. The morphology and crystallography of lath martensite in alloy steels[J]. Acta Mater., 2006, 54: 5323~5331.

[70] Lambert-Perlade A, Gourgues A F, Pineau A. Austenite to bainite phase transformation in the heat-affected zone of a high strength low alloy steel[J]. Acta Mater., 2004, 52: 2337~2348.

[71] Toda-Caraballo I, Bristowe P D, Capdevila C. A molecular dynamics study of grain boundary free energies, migration mechanisms and mobilities in a bcc Fe-20Cr alloy[J]. Acta Mater., 2012, 60: 1116~1128.

[72] Lambert A, Garat X, Sturel T, et al. Application of acoustic emission to the study of cleavage fracture mechanism in a HSLA steel[J]. Scripta Mater., 2000, 43: 161~166.

[73] Lambert-Perlade A, Gourgues A F, Besson J, et al. Mechanisms and modeling of cleavage fracture in simulated heat-affected zone microstructures of a high-strength low alloy steel[J]. Metall. Mater. Trans. A, 2004, 35A: 1039~1053.

[74] Nohava J, Hausild P, Karlik M, et al. Electron backscattering diffraction analysis of secondary cleavage cracks in a reactor pressure vessel steel[J]. Mater Charact., 2003, 49: 211~217.

[75] Yokomizo T, Enomoto M, Umezawa O, et al. Three-dimensional distribution, morphology, and nucleation site of intragranular ferrite formed in association with inclusions[J]. Mater. Sci. Eng. A, 2003, 344: 261~267.

[76] Shanmugam S, Ramisetti N K, Misra R D K, et al. Microstructure and high strength-toughness combination of a new 700MPa Nb-microalloyed pipeline steel [J]. Mater. Sci. Eng. A, 2008, 478: 26～37.

[77] Zhang S, Hattori N, Enomoto M, et al. Ferrite nucleation at ceramic/austenite interfaces [J]. ISIJ. Int. , 1996, 36: 1301～1309.

[78] Qiu H, Mori H, Enoki M, et al. Fracture mechanism and toughness of the welding heat-affected zone in structural steel under static and dynamic loading [J]. Metall. Mater. Trans. A, 2000, 31A: 2785～2791.

[79] Mohseni P, Solberg J K, Karlsen M, et al. Investigation of mechanism of cleavage fracture initiation in intercritically coarse grained heat affected zone of HSLA steel [J]. Mater. Sci. Technol. , 2012, 28: 1261～1268.

[80] de Meester B. The Weldability of Modern Structural TMCP Steels [J]. ISIJ Int. , 1997, 37: 537～551.

[81] Lee S, Kim B C, Kwon D. Fracture toughness analysis of heat-affected zones in high-strength low-alloy steel welds [J]. Metall. Trans. A, 1993, 24A: 1133～1141.

[82] Li C, Wang Y, Chen Y. Influence of peak temperature during in-service welding of API X70 pipeline steels on microstructure and fracture energy of the reheated coarse grain heat-affected zones [J]. J. Mater. Sci. , 2011, 46: 6424～6431.

[83] Moeinifar S, Kokabi A H, Madaah Hosseini H R. Influence of peak temperature during simulation and real thermal cycles on microstructure and fracture properties of the reheated zones [J]. Mater. Des. , 2010, 31: 2948～2955.

[84] Harrison P L, Farrar R A. Application of continuous cooling transformation diagrams for welding of steels [J]. Int. Mater. Rev. , 1989, 34: 35～51.

[85] Gregg J M, Bhadeshia H K D H. Bainite nucleation from mineral surfaces [J]. Acta Metall. Mater. , 1994, 42: 3321～3330.

[86] Gregg J M, Bhadeshia H K D H. Titanium-rich mineral phases and the nucleation of bainite [J]. Metall. Mater. Trans. A, 1994, 25A: 1603～1612.

[87] Cheng L, Wu K M. New insights into intragranular ferrite in a low-carbon low-alloy steel [J]. Acta Mater. , 2009, 57: 3754～3762.

[88] Hu J, Du L X, Wang J J, et al. Structure-mechanical property relationship in low carbon microalloyed steel plate processed using controlled rolling and two-stage continuous cooling [J]. Mater. Sci. Eng. A, 2013, 585: 197～204.

[89] Ishikawa T, Haze T. Significance of fracture facet size in cleavage fracture process of welded

joints[J]. Mater. Sci. Eng. A, 1994, 176: 385~391.

[90] Curry D A, Knott J F. Effect of microstructure on cleavage fracture toughness of quenchend and tempered steels[J]. Met. Sci. , 1979, 13: 341~345.

[91] Hrivnak I, Matsuda F, Li Z, et al. Investigation of metallography and behavior of M-A constituent in weld HAZ of HSLA steels[J]. Trans. JWRI, 1992, 21: 101~110.

[92] Hu Jun, Du Linxiu, Wang Jianjun, et al. High toughness in the intercritically reheated coarse-grained (ICRCG) heat-affected zone (HAZ) of low carbon microalloyed steel[J]. Materials Science and Engineering A, 2014, 590: 323~328.

3 低碳冷轧搪瓷用钢中析出物的研究

3.1 引言

早期低碳搪瓷用钢的使用量较小，大多采用沸腾钢为原料。沸腾钢由于有良好的沸腾作用，钢锭可形成一个纯净、坚实的外壳，故轧成的产品表面质量较好，特别适于制造薄板。并因含碳、硅量较低，有良好的焊接、冷弯和冲压性能。沸腾钢钢锭头部没有集中缩孔，轧制成坯后切头率低，且消耗脱氧剂和耐火材料少，故成本较低。沸腾钢未经过完全脱氧，其组织内含有一定量的氧化物夹杂，在变形后与基体间形成较多微孔洞，可作为有效 H 陷阱，因此很少出现搪瓷制品"鳞爆"的问题。然而，沸腾钢只能生产钢锭，无法实现连铸，生产效率低。而且，沸腾钢偏析严重、组织不致密、力学性能波动较大，在轧材的不同部位抗拉强度和伸长率有明显差别。在相同的成分和生产工艺条件下得到的钢板性能差异大，稳定性较差。因此，目前使用的低碳冷轧搪瓷用钢几乎都采用镇静钢连铸坯为原料。连铸镇静钢生产效率高，组织致密，偏析小，质量均匀，性能稳定。但由于镇静钢中缺少沸腾钢中常见的氧化物夹杂，鳞爆问题时有发生。

生产镇静钢搪瓷板必须设法在钢中增加足够的 H 陷阱以保证其抗鳞爆性。钢中的微观组织"瑕疵"均会对 H 的溶解和扩散产生一定影响。空位、间隙原子、位错、晶界、微孔洞和弹性应力场均可以作为 H 陷阱。然而，此类陷阱大都属于"可逆"陷阱，与 H 原子的相互作用能力不强，且通常不稳定，特别是在高温下，且在低碳钢中数量极为有限。因此，需要借助钢中的第二相如珠光体、渗碳体、MnS 和钛钒的碳氮化物作为"不可逆" H 陷阱。此类 H 陷阱与 H 原子的相互作用能力较强，对其具有很强的束缚能力。

Luu[1]通过电化学测试和 H 微印技术描述了 H 在低碳钢中的移动和受束

缚的规律，并且认定在加 S 的钢中，MnS 和基体的界面是主要的 H 陷阱。Garet[2] 发现 MnS 和富 Si 夹杂表现出半永久 H 陷阱的特性。Otsuka（大冢）[3] 同样发现：在室温充 H 后，释 H 前，H 原子主要集中在 MnS 夹杂物处。在 Shinozaki（筱崎）[4] 的研究中发现，MnS 夹杂物处是吸附 H 原子的潜在位置，H 原子的吸附与 MnS 夹杂的溶解密切相关。

因此鉴于以上情况，可适当增加钢中的 C、S 和 Mn 元素含量，以增加 MnS 数量，细化铁素体组织，增加渗碳体、MnS 的弥散程度，可有效提高搪瓷板的抗鳞爆性能。然而，单纯增加 C、S 和 Mn 的含量会影响钢板的冷成型性能，不利于搪瓷用钢的综合性能。Ushioda（潮田）[5] 证实：在低碳铝镇静钢中，Mn 阻碍回复并限制再结晶晶粒的长大，从而损害 ND//⟨111⟩织构，增加再结晶后 ND//⟨110⟩织构的强度。

有大量的研究表明：在低碳钢中添加微量 B 元素（$(10 \sim 30) \times 10^{-6}$）可使冲压板材的力学性能有较大提高。Deva 等人[6] 发现：在低碳钢中添加微量 B 并控制 B/N 小于 0.3 时，平均塑性应变比（r_m 值）会得到较大提高。Deva 等人的另一篇关于 B 对热轧低碳钢应变硬化指数（n 值）和塑性影响的文章[7] 中指出：微量 B 元素对微观组织演变的影响作用体现在降低了 n 值，同时塑性（伸长率）得到提高。俞方华等[8] 采用弹性反冲探测（ERD）和正电子湮没寿命谱（PAS）测量了罩式退火方式生产的含 B 和不含 B 搪瓷用钢的充 H 曲线和释 H 曲线，结果表明：微量 B 阻碍热释 H 向搪瓷层/钢界面扩散和积聚，防止鳞爆。

鉴于以上理论基础，研究 S、Mn 含量和微量 B 对低碳冷轧搪瓷用钢冷成型性能和抗鳞爆性能的影响。特别针对钢中 MnS 和渗碳体的形态和分布，以实现综合性能的提高。

3.2 实验材料及方法

3.2.1 化学成分和生产工艺模拟

实验用低碳冷轧搪瓷用钢采用真空感应炉熔炼，其化学成分（质量分数，%）如表 3-1 所示。实验钢Ⅰ为传统低碳冷轧深冲钢成分；实验钢Ⅱ在传统低碳冷轧深冲钢（实验钢Ⅰ）成分的基础上适当增加了 S 和 Mn 的含量；

实验钢Ⅲ为在实验钢Ⅱ成分的基础添加了微量 B 元素。

表 3-1　实验钢的化学成分（质量分数,%）

实验钢	C	Si	Mn	P	S	B	Al	N
Ⅰ	0.03 ~ 0.05	< 0.03	0.10 ~ 0.15	< 0.01	0.010 ~ 0.015	—	0.03 ~ 0.06	< 0.0050
Ⅱ	0.03 ~ 0.05	< 0.03	0.20 ~ 0.30	< 0.01	0.020 ~ 0.030	—	0.03 ~ 0.06	< 0.0050
Ⅲ	0.03 ~ 0.05	< 0.03	0.20 ~ 0.30	< 0.01	0.020 ~ 0.030	0.0010 ~ 0.0015	0.03 ~ 0.06	< 0.0050

　　实验钢铸锭经开坯后，随炉加热到 1200℃ 保温 2h，充分奥氏体化。然后在 RAL-ϕ450mm×450mm 单机架二辊可逆实验热轧机上进行一阶段轧制（压下规程为：45.0mm→29.0mm→18.0mm→11.0mm→7.0mm→5.5mm）。控制开轧温度约为 1050℃，终轧温度约为 930℃。之后，层流冷却（控制冷速约为 10℃/s）至约 720℃，放入该温度箱式电阻炉中保温 0.5h 后随炉冷却，模拟热轧带钢的卷取过程。实验钢热轧板经酸洗后，采用直拉式四辊可逆冷轧机冷轧至 1.1mm 厚。实验钢冷轧板在 RAL-CAS-300Ⅱ型连续退火模拟实验机上模拟连续退火工艺，连续退火工艺曲线及参数如图 3-1 所示。

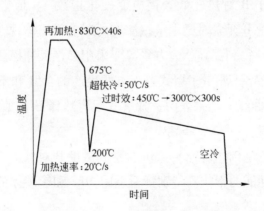

图 3-1　模拟连续退火工艺曲线

3.2.2　组织性能检测分析

　　实验钢板试样 RD（轧制方向）×ND（板面法向）面经粗磨→精磨→抛光后，采用 4% 的硝酸酒精溶液腐蚀，用 LEICA-Q550IW 金相显微镜（OM）和 FEI-Quanta600 扫描电子显微镜（SEM）对其显微组织进行观察。第二相析出粒子的精细观察使用配备能量谱仪（EDS）的 TecnaiG^2 F20 场发射透射电子显微镜（TEM）。TEM 试样采用机械磨至 $60\mu m$ 配合电解双喷的方法制备。钢板的宏观织构分析使用 X 射线衍射（XRD）技术和 ODFs 计算软件检测钢板试样 1/4 厚度处的织构特征。

实验钢退火板分别沿轧制方向、与轧制方向成 45°方向和与轧制方向成 90°方向切取拉伸试样，试样为符合国家标准（金属材料　室温拉伸试验方法 GB/T 228—2002）的矩形非比例拉伸试样。在拉伸实验机上以 5mm/min 的拉伸速度进行室温拉伸实验，获得退火板强度、断后伸长率、加工硬化指数（n 值）和塑性应变比（r 值），其中平均 r 值（r_m 值）为：

$$r_m = 1/4(r_{0°} + r_{90°} + 2r_{45°}) \tag{3-1}$$

式中，$r_{0°}$、$r_{45°}$ 和 $r_{90°}$ 分别代表与轧制方向成 0°、45°和 90°方向试样的 r 值。

搪瓷用钢板的抗鳞爆性能与 H 在钢中的渗透和扩散性能密切相关。依据 Devanathan[9] 和 Nishimura（西村）[10] 的电化学 H 渗透实验方法，采用 Fe-HP-12 型金属 H 渗透性能测试仪进行检测和评价，实验原理图和实验设备照片分别如图 3-2 和图 3-3 所示。

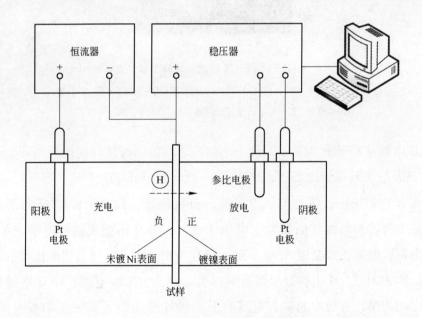

图 3-2　电化学 H 渗透实验原理图

实验钢板试样为切成 $50mm \times 80mm$ 的矩形退火板，用 400 ~ 1200 号砂纸打磨至 1.0mm 厚，电解抛光并单面镀 Ni。实验主体部分由两个电解池构成，

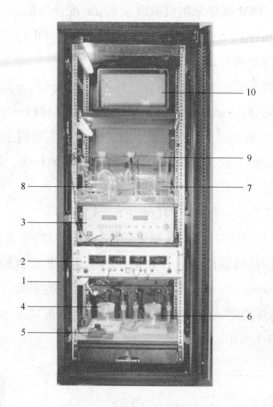

图 3-3　Fe-HP-12 型金属 H 渗透性能测试仪设备照片

1—柜子；2—恒流器；3—稳压器；4—抛光槽；5—散热板；6—阳极槽；

7—电镀槽；8—充 H 和释 H 电解槽；9—蓄电池；10—计算机

即充 H 电解池和释 H 电解池。两个电解池之间由钢板试样连接并隔开，未镀 Ni 的一面与充 H 电解池相连，镀 Ni 的一面与释 H 电解池相连。

充 H 电解池中，试样与恒电流源的负极相连，作为阴极。H^+ 向阴极运动，在电解液与阴极界面处发生电化学反应，即在钢板表面得电子产生 H，H 经由钢板内部扩散至镀 Ni 的一面。释 H 电解池中，试样与恒电压源的正极相连，作为阳极。H 未扩散至钢板阳极表面时，由恒压电源、释 H 电解池构成稳定的回路，有稳定的基态电流产生。当 H 经由钢板扩散至阳极表面时，H 失去电子变成 H^+，会在基态电流的基础上产生一个电流增量，经仪器检测并换算为 H 渗透通量 J，直至达到稳态。

H 滞后时间 t_L 为 H 渗透曲线上 H 渗透率为 0.63 时，即归一化通量 $J_t/$

$J_{max} = 0.63$（其中，J_t 为 t 时刻的 H 渗透通量，J_{max} 为稳态 H 渗透通量的最大值）所对应的时间；H 扩散系数 D_L 为：

$$D_L = L^2/6t_L \tag{3-2}$$

式中，L 为钢板厚度。

3.3 实验结果及讨论

3.3.1 热轧板组织和第二相析出粒子

实验钢热轧板的光学显微组织（OM 像）如图 3-4 所示。成分不同的 3 种实验钢热轧板的组织均由不规则多边形铁素体和少量珠光体、渗碳体组成。

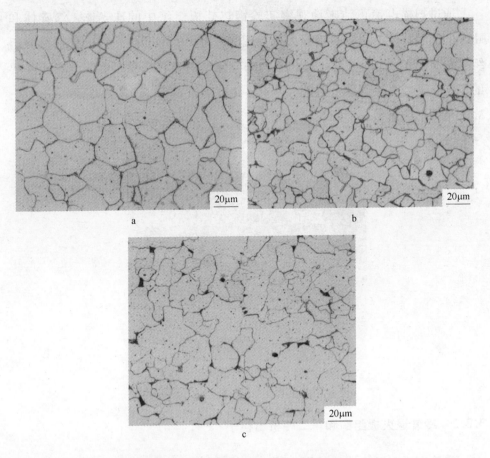

图 3-4　实验钢热轧板的光学显微组织

a—实验钢Ⅰ；b—实验钢Ⅱ；c—实验钢Ⅲ

铁素体晶粒均比较粗大，尺寸在 20~35μm 之间。实验钢热轧态的珠光体、渗碳体含量较少，分布比较均匀。通过比较实验钢Ⅰ和实验钢Ⅱ可以看出，增加 S 和 Mn 含量可明显细化铁素体组织。由于固溶 S、Mn 的溶质拖曳效应，相变后铁素体长大受到抑制。与此同时，固溶 Mn 会细化渗碳体，因此较多的 MnS 和更加弥散的渗碳体同样会阻碍晶粒的长大。所以，增加 S 和 Mn 含量的实验钢Ⅱ热轧板中铁素体晶粒尺寸明显小于实验钢Ⅰ。通过比较实验钢Ⅱ和实验钢Ⅲ可以看出，添加微量 B 可使热轧板铁素体组织明显粗化。相变过程中，奥氏体晶界是铁素体的主要形核位置。由于在热轧过程中，微量 B 在奥氏体晶界处偏聚，降低了晶界能，导致相变时铁素体的形核率下降，使最终热轧板内铁素体晶粒粗大且形状更加不规则。

通过扫描电镜可清晰地观察实验钢热轧板组织中的珠光体、渗碳体和 MnS 的形貌特征，以实验钢Ⅱ为例，图 3-5 为实验钢Ⅱ热轧板的扫描显微组织（SEM 像）。由图可见，热轧态的珠光体呈明显片层状，主要分布于晶界的三向交叉处；渗碳体呈粗条状，主要分布于晶界上，少量分布于晶粒内部；MnS 呈圆形或近似圆形颗粒状，尺寸在 0.5~1.5μm 之间。

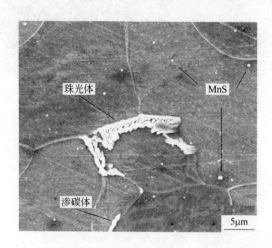

图 3-5 实验钢Ⅱ热轧板的扫描显微组织

3.3.2 冷轧退火板组织和第二相析出粒子

实验钢经高温快速连续退火后，钢板试样的光学显微组织（OM 像）如图 3-6 所示。实验钢连续退火态的组织均由等轴铁素体和大量弥散分布的渗碳体颗粒组成。化学成分对铁素体晶粒尺寸的影响规律与热轧态相统一。与实验钢Ⅰ和实验钢Ⅲ相比，原热轧态实验钢Ⅱ中的晶界面积更大，其具有的再结晶形核点的密度则更高。实验钢Ⅲ中，B与N结合抑制细小AlN的形成，削弱了细小AlN对晶界沿厚度方向迁移的阻碍作用。因此，实验钢Ⅲ退火板中铁素体晶粒粗大且更加趋于等轴状。相反，实验钢Ⅰ和实验钢Ⅱ退火板中铁素体晶粒更接近扁平状。

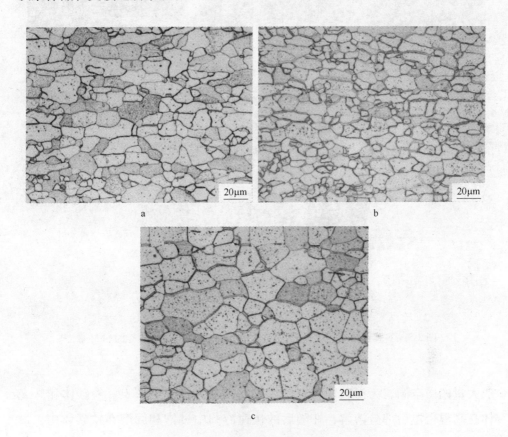

图3-6　实验钢连续退火板的光学显微组织
a—实验钢Ⅰ；b—实验钢Ⅱ；c—实验钢Ⅲ

通过扫描电镜（SEM）可清晰地观察实验钢连续退火板中铁素体晶粒内渗碳体颗粒的形貌及分布特征，如图3-7所示。由于短时间保温和快速冷却的快节奏，连续退火不利于C、N间隙原子的充分沉淀析出，因此必须在高温保温后进行过时效处理。粗条状渗碳体和珠光体在大压下冷轧后破碎，形

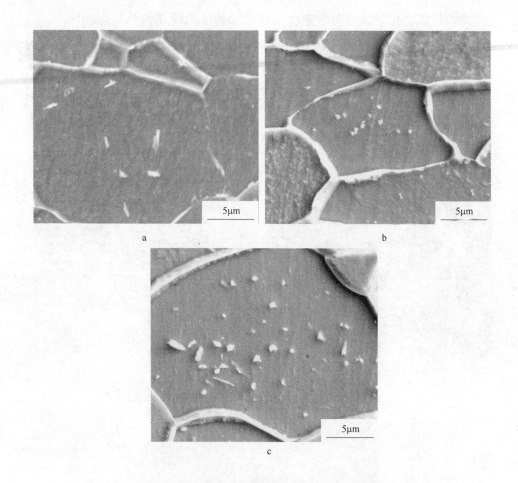

图 3-7 实验钢连续退火板中铁素体晶粒内弥散的渗碳体颗粒的 SEM 像

a—实验钢 I；b—实验钢 II；c—实验钢 III

成大量的微空洞，为渗碳体颗粒的形成提供了大量的形核点。渗碳体和珠光体在高温保温后部分溶解，在随后的快速冷却中过饱和固溶在铁素体中，最后在过时效过程中，通过 C、N 原子的短程扩散再次析出形成大量细小的渗碳体颗粒。3 个实验钢连续退火板中铁素体晶粒内部渗碳体颗粒的定量分析如表 3-2 所示，数据为通过统计 20 张以上随机选取的 SEM 图像得到的平均值。Chang 和 Souza[11,12] 报道了固溶 Mn 会阻碍固溶 C 进入渗碳体/铁素体界面，导致渗碳体颗粒更加细小弥散。Funakawa 等人[13] 发现：B 在晶界处偏聚，阻碍了 C 原子在晶界处的富集，使渗碳体析出更可能发生在铁素体晶粒内。这些报道与当前实验数据基本吻合。通过增加 S、Mn 含量可以很大程度上使连续退火的实验钢板中铁素体晶粒内的渗碳体颗粒细化，且微量 B 元素的添加会进一步增大晶粒内渗碳体的体积分数。

表 3-2　连续退火板中铁素体晶粒内渗碳体颗粒的定量分析

钢	基体中渗碳体颗粒的平均尺寸/μm	基体中渗碳体颗粒的体积分数/%
Ⅰ	0.95	1.31
Ⅱ	0.56	1.49
Ⅲ	0.67	1.98

图 3-8 显示了 B 元素在实验钢Ⅲ连续退火板中的分布。通过线扫描分析可以看出，B 与 N 结合主要偏聚在晶界、渗碳体和 MnS 处。Jones 等人的研究[14]发现：B 通常存在于晶界或基体内的带状析出相或非金属夹杂物处。偏聚的 B 并不以自由形式存在，而总是结合 N 或 C，形成复合的析出物如 BN 或硼碳化物等。Jones 等人发明了一个简单的方法统计分析不同 B 含量的钢中是否所有的 B 都以析出相形式存在。这一分析表明，对于实验Ⅲ中 B 含量为 12×10^{-6} 来说，可以认为所有的 B 元素都以析出相的形式存在。

3.3.3　冷轧退火板的力学性能

3 种实验钢热轧板经冷轧和高温快速连续退火后，钢板试样的力学性能如表 3-3 所示。通过比较实验钢Ⅰ和实验钢Ⅱ可以发现，随着 S、Mn 含量的增加，屈服强度增大，n 值和 r 值几乎没有变化。通过比较实验钢Ⅱ和实验钢Ⅲ可以看出，微量 B 元素的添加降低了屈服强度，同时 n 值有所降低，断后伸长率和 r 值有较大提高。对铁素体钢而言，强度主要受晶粒尺寸和纳米析出相的影响。实验钢Ⅱ比实验钢Ⅰ和实验钢Ⅲ具有更高的屈服强度和抗拉强度，主要由于其较细的铁素体尺寸和更高的固溶 Mn 含量。较高的屈服强度并不利于冲压成型，因为它会降低冲头的使用寿命并增加工件的弹性回弹。实验钢Ⅲ的 n 值与实验钢Ⅰ和实验钢Ⅱ相比有所下降的原因为：尽管 n 值主要受铁素体晶粒尺寸的影响，但它也同时受位错滑移与晶界处析出相互作用的影响。由于微量 B 和快速连续退火工艺的双重影响，只有少量渗碳体沿着晶界析出，降低了晶界阻碍位错滑移的效能。因此，含有微量 B 元素的实验钢Ⅲ快速连续退火板的加工硬化能力不强。

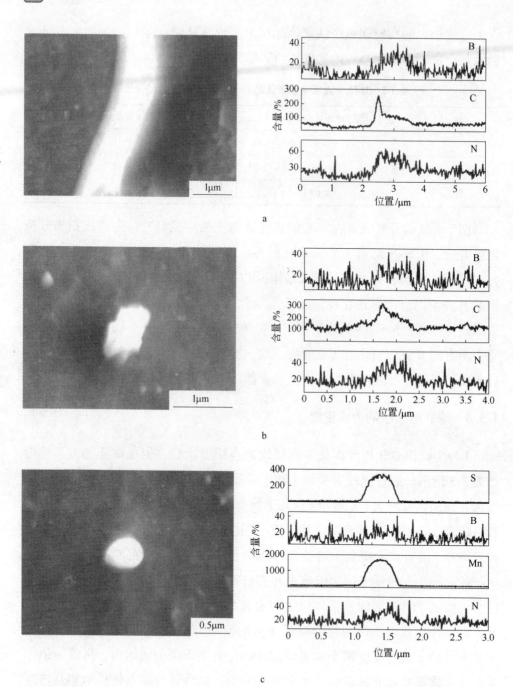

图 3-8　实验钢Ⅲ连续退火板的 SEM 像对应的扫描分析用以表征 B、N 元素在晶界、
渗碳体颗粒和 MnS 处的偏聚

a—晶界；b—渗碳体颗粒；c—MnS

表 3-3   实验钢连续退火板的力学性能

钢	R_{eL}/MPa	R_m/MPa	A_{50}/%	n 值	r_m 值
I	210	315	39.1	0.24	1.54
II	245	325	37.1	0.24	1.39
III	220	305	41.4	0.20	1.85

增加 S、Mn 含量会降低 r 值，但实验钢 III 中微量 B 的添加使 r 值有较大提高。这主要因其粗化了铁素体组织，使得退火过程中优先形核的 {111} 取向晶粒的比例增加，其快速长大并吞并其他取向晶粒，形成具有较高比例的 {111} 取向晶粒的再结晶组织。因此，S、Mn 元素含量的增加会降低低碳搪瓷用钢快速连续退火板的综合力学性能，不利于板材的深冲成型。通过添加微量 B，钢板的综合力学性能得到很大改善。

3.3.4   冷轧退火板 H 渗透行为的影响

实验钢快速连续退火板室温下的 H 渗透曲线如图 3-9 所示。从 H 渗透曲线上可截得 H 滞后时间（t_L），H 扩散系数（D_L）可由公式（1-2）计算得到，如图 3-10 所示。通过比较实验钢 I 和实验钢 II 可以看出，随着 S、Mn 含量的增加，实验钢 II 中的 H 扩散明显放缓。Luu 和 Wu[15] 通过将单层 AgBr 乳

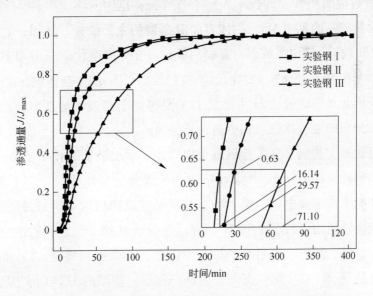

图 3-9   实验钢连续退火板室温下的 H 渗透曲线

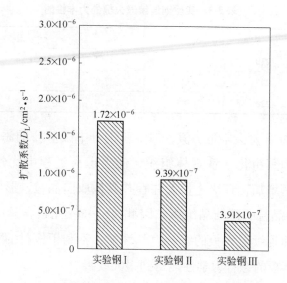

图3-10 实验钢连续退火板的 H 扩散系数 D_L

浊液涂在试样特定区域的方法观察 H 在碳钢中的移动时发现：在珠光体球化处理的钢和马氏体钢中，H 分别被束缚在碳化物和铁素体基体的界面处和板条界面处。Enos 和 Scully[16]发现：H 会被可渗碳体吸引和束缚；H 陷阱束缚能分析证实了大量的 H 陷阱位置覆盖了 Fe/Fe_3C 界面处。Luu 和 Wu[1]通过电化学 H 渗透检测和 H 微印技术表征了 H 在低碳钢中的移动和束缚规律，确定了在 S 含量较高的钢中 MnS/基体界面 H 陷阱的主要位置。Otsuka（大冢）和 Tanabe（田边）[3]使用氚放射自显影法发现：在室温电化学充 H 处理过程中，H 原子最先在 MnS 处聚集，之后逐渐被释放到周围 α-Fe 基体中。鉴于以上理论，实验钢 II 具有较强的 H 束缚能力主要得益于其细化的铁氧体晶粒尺寸，更加弥散分布的渗碳体颗粒和更高含量的 MnS。

通过比较实验钢 II 和实验钢 III 可以看出，添加微量 B 使 H 在钢中的扩散变得更加困难。Pressouyre[17]将 H 陷阱的位置分为三种类型：（1）吸附性 H 陷阱，H 原子在诸如电场、应力场、温度梯度或理想的化学势梯度的作用下受到一定的吸引力；（2）物理 H 陷阱，有益于 H 原子稳定存在的空间位置，如空位、位错、晶界、析出粒子与基体的相界和微孔洞等；（3）混合陷阱，即前两种的混合，在实际情况下，很难存在单一类型的 H 陷阱，因为晶体学缺陷的存在通常会伴随着应力场的产生。如前文微观组织分析所述，B、N 结合在晶界、渗碳体和 MnS 处偏聚，提供了更多的有效 H 陷阱位置。此外，Frappart 等人[18]在研究晶格畸变和缺陷对淬火和回火马氏体钢 H 的溶解度、扩散系数及束缚的影响规律时发现：随着外加张应力的增加，H 变得更加容易在弹性应力场中富集。与外加张应力相类似，B 在界面处的偏聚也会增加渗碳体、MnS 与基体界面附近弹性应力场的晶格畸变程度，使 H 原子更加容易落入陷阱内，并且提高了 H 原子脱离陷阱位置的激活能。

3.4 小结

以低碳（0.03%～0.05%）搪瓷用钢为实验材料，通过实验室条件下的工艺模拟，研究了主要成分对其组织性能的影响，钢中 MnS 和渗碳体的形态和分布，得到如下结论：

（1）成分不同的 3 种实验钢热轧板的组织均由不规则多边形铁素体和少量珠光体、渗碳体组成。MnS 呈圆形或近似圆形颗粒状，尺寸在 0.5～1.5μm 之间。增加 S 和 Mn 含量可明显细化铁素体组织。在更多固溶 S、Mn 的溶质拖曳效应和更高含量的 MnS，更加弥散分布的渗碳体的共同作用下，铁素体晶粒的长大受到抑制。添加微量 B 可使热轧板铁素体组织明显粗化。相变过程中，B 在奥氏体晶界处偏聚，降低了界面能，导致相变时铁素体的形核率下降，使最终热轧板内铁素体晶粒粗大且形状更加不规则。

（2）3 种实验钢连续退火态的组织均由等轴铁素体和大量弥散分布的渗碳体颗粒组成。化学成分对铁素体晶粒尺寸的影响规律同样与热轧态相统一。在添加了微量 B 的实验钢Ⅲ中，B、N 结合抑制了细小 AlN 的形成，削弱了细小 AlN 对晶界沿厚度方向迁移的阻碍作用，使退火板中铁素体晶粒粗大且更加趋于等轴状。在快节奏连续退火工艺的作用下，渗碳体大多在铁素体晶粒内以大量细小颗粒状形式存在。固溶 Mn 阻碍固溶 C 进入渗碳体/铁素体界面，提高 Mn 含量使晶粒内渗碳体颗粒更加细小弥散。B 在晶界处偏聚，阻碍了 C 原子在晶界处的富集，使渗碳体析出更可能发生在铁素体晶粒内。增加 S、Mn 含量可以很大程度上使连续退火的实验钢板中铁素体晶粒内渗碳体颗粒细化，且微量 B 元素的添加会进一步增大晶粒内渗碳体的体积分数。

（3）由于连续退火板中渗碳体主要存在于晶粒内部，晶界上的渗碳体较少，减少了晶界粗大条状渗碳体作为裂纹源对塑性的影响，其断后伸长率较高。随着 S、Mn 含量的增加，屈服强度增大。在微量 B 和快速连续退火工艺的双重作用下，实验钢Ⅲ晶界处渗碳体很少，断后伸长率有较大幅度的提高；而由于晶界阻碍位错滑移的效能下降，其 n 值较低。实验钢Ⅲ中粗化的铁素体组织使退火过程中优先形核的 {111} 取向晶粒的比例增加，形成了具有较高比例 {111} 取向晶粒的再结晶组织，r 值得到了较大提高。S、Mn 元素含量的增加降低了低碳搪瓷用钢连续退火板的深冲性能。而通过添加微量 B，钢板的冲压成型性得到很大改善。

（4）S、Mn 含量对实验钢退火板中 H 的渗透行为有很大影响。增加 S、Mn 含量不但可以提高 MnS 析出粒子的数量，还可有效细化铁素体晶粒，使渗碳体更加弥散分布。晶界和析出粒子与铁素体基体的相界可作为有效 H 陷阱，使 H 原子在钢板中的扩散速率明显下降。适当提高低碳搪瓷用钢的 S、Mn 含量可有效改善搪瓷质量，消除鳞爆。B、N 结合在晶界、渗碳体和 MnS 处偏聚，提供了更多的有效 H 陷阱位置。此外，B 在界面处偏聚也会增加渗碳体、MnS 与基体界面附近弹性应力场的晶格畸变程度，使 H 原子更加容易落入陷阱内，并且提高了 H 原子脱离陷阱位置的激活能。

参 考 文 献

[1] Luu W C, Wu J K. Effects of sulfide inclusion on hydrogen transport in steels [J]. Mater Lett, 1995, 24(1~3): 175~179.

[2] Garet M, Brass A M, Haut C, et al. Hydrogen trapping on non metallic inclusions in Cr-Mo low alloy steels [J]. Corro Sci. , 1998, 40(7): 1073~1086.

[3] Otsuka T, Tanabe T. Hydrogen diffusion and trapping process around MnS precipitates in αFe examined by tritium autoradiography [J]. J Alloys Compd, 2007, 446~447: 655~659.

[4] Shinozaki J, Muto I, Omura T, et al. Local dissolution of MnS inclusion and microstructural distribution of absorbed hydrogen in carbon steel [J]. J Electr Soc, 2011, 158(9): 302~309.

[5] Ushioda K, Yoshinaga N, Akisue O. Influences of Mn on recrystallization behavior and annealing texture formation in ultralow-carbon and low-carbon steels [J]. ISIJ Int. , 1994, 34(1): 85~91.

[6] Deva A, Jha B K, Mishra N S. Microstructural evolution during batch annealing of boron containing aluminum-killed steel [J]. J Mater Sci. , 2009, 44(14): 3736~3740.

[7] Deva A, Jha B K, Mishra N S. Influence of boron on strain hardening behaviour and ductility of

low carbon hot rolled steel [J]. Mater Sci. Eng. A, 2011, 528(24): 7375 ~ 7380.

[8] 俞方华, 潘浩昌, 曹建清, 等. ERD 和 PAS 研究微量硼对搪瓷钢捕氢的影响[J]. 金属学报, 1995, 31(3): 140 ~ 144.

[9] Devanathan M A V, Stachurki Z. The absorption and diffusion of hydrogen in palladium [J]. Proc Royal Soc. A, 1962, 270(1340): 90 ~ 102.

[10] Nishimura R, Toba K, Yamakawa K. The development of a ceramic sensor for the prediction of hydrogen attack [J]. Corro Sci, 1996, 38(4): 611 ~ 621.

[11] Chang S K, Kwak J H. Effect of manganese on aging in low carbon sheet steels [J]. ISIJ Int, 1997, 37(1): 74 ~ 79.

[12] de Souza T O, Buono V T L. Optimization of the strain aging resistance in aluminum killed steels produced by continuous annealing [J]. Mater Sci. Eng. A, 2003, 354(1 ~ 2): 212 ~ 216.

[13] Funakawa Y, Inazumi T, Hosoya Y. Effect of morphological change of carbide on elongation of boron-bearing Al-killed steel sheets [J]. ISIJ Int. , 2001, 41(8): 900 ~ 907.

[14] Jones R B, Younes C M, Heard P J, et al. The effect of the microscale distribution of boron on the yield strength of C-Mn steels subjected to neutron irradiation [J]. Acta Mater, 2002, 50 (17): 4395 ~ 4417.

[15] Luu W C, Wu J K. The influence of microstructure on hydrogen transport in carbon steels [J]. Corro Sci, 1996, 38(2): 239 ~ 245.

[16] Enos D G, Scully J R. A critical-strain criterion for hydrogen embrittlement of cold-drawn ultra-fine pearlitic steel [J]. Metal Mater Trans A, 2002, 33(4): 1151 ~ 1166.

[17] Pressouyre G M. A classification of hydrogen traps [J]. Metal Trans A, 1979, 10 (10): 1571 ~ 1573.

[18] Frappart S, Feaugas X, Creus J, et al. Hydrogen solubility, diffusivity and trapping in a tempered Fe-C-Cr martensitic steel under various mechanical stress states [J]. Mater Sci. Eng. A, 2012, 534: 384 ~ 393.

4 超低碳冷轧搪瓷用钢中析出物的研究

4.1 引言

我国的冶金工业技术和装备制造业迅速发展，以冷轧钢板为金属基板的搪瓷制品逐渐应用到更加广泛的领域，同时对冷轧板的性能质量提出更高的要求。而目前，对搪瓷用钢板的研究大多针对成分和退火工艺。虽然成分和退火工艺对板材组织性能有着最直接、最重要的影响。但是，冷轧板材生产的每一道环节均会对最终产品的质量产生一定影响。

热轧板作为冷轧坯料是最终产品具有良好质量的重要前提。采用合适的温度制度和轧制制度是热轧工序中的关键因素，热轧过程中除了要保证轧制成规定的形状尺寸、除尽氧化铁皮外，还要控制晶粒尺寸、形状和析出物的尺寸及分布。冷轧退火组织的铁素体晶粒度，除与冷轧和热处理条件有关外，也与热轧的显微组织有很大关系。热轧的显微组织特征将遗传到冷轧退火后组织中，冷轧和退火过程很难根除热轧过程得到的粗大晶粒、过细晶粒以及不均晶粒等不良组织[1]。

热轧板带材经层流冷却后需进行卷取，成为热轧板卷，空冷至室温。卷取时的温度选择和冷却条件即为卷取工艺制度，对热轧板带钢的组织性能有较大的影响。在560~600℃卷取时，晶粒尺寸均较小，渗碳体及其他碳、氮化物无法充分析出；而在大于720℃卷取时，晶粒尺寸显著增大，渗碳体及其他碳、氮化物充分析出，此时渗碳体呈粗条状出现在晶界上；当大于750℃卷取时，尽管可得到更粗化的组织和析出物，但生产操作困难，不易开卷，钢板表面氧化铁皮严重，给酸洗带来麻烦[2]，力学性能不稳定。对于冷轧深冲板材，适当采用较高的热轧卷取温度，可降低位错密度，有利于碳、氮化物的析出和粗化，有利于第二相粒子聚集、长大，同时可保证板材的轧制稳定性[3]。在热轧过程中，碳、氮化物的析出比例主要取决于变形温度、冷却速度和冷却终止温度。碳、氮化物的析出是搪瓷用钢中重要的有效 H 陷阱位置的来源，因此严格控制热轧卷取工艺制度对后续的生产有着至关重要的作用。因此，为了保证搪瓷用钢板获得良好的成型性能和较多的第二相粒子，对热轧板的组织性能提出了较为严格的要求。

目前，针对冷轧搪瓷用钢热轧工艺环节的研究尚比较少见。鉴于以上情况，为挖掘高附加值钢铁材料的潜能，以超低碳冷轧搪瓷用钢为研究材料，探讨热轧卷取温度和卷取过程中的冷却条件对最终冷轧退火板的组织性能的影响规律。特别针对铁素体形貌尺寸，Ti 的碳、氮化析出物的演变规律展开研究。并且深入分析了微观组织、织构及第二相粒子对冷成型性能和抗鳞爆性能的影响，以实现冷轧搪瓷用钢冲压板材综合性能的提高。

4.2 实验材料及方法

4.2.1 化学成分和生产工艺模拟

实验用超低碳冷轧搪瓷用钢（用 ULC 表示）采用真空感应炉熔炼，化学成分（质量分数,%）如表 4-1 所示。实验钢 ULC 在常规超低碳超 IF 钢成分的基础上适当增加了 C、S 和 Ti 的含量。

表 4-1　实验钢 ULC 的化学成分（质量分数）　　　　（%）

钢	C	Si	Mn	P	S	Ti	Al	N
ULC	0.006	0.02	0.27	0.006	0.02	0.10	0.03	0.0042

实验钢铸锭经开坯后，随炉加热到 1200℃保温 2h，充分奥氏体化。然后在 RAL-ϕ450mm ×450mm 单机架二辊可逆实验热轧机上进行一阶段轧制（压下规程为：45.0mm→29.0mm→18.0mm→11.0mm→7.0mm→5.5mm）。控制开轧温度约为 1050℃，终轧温度约为 930℃。之后，控制冷速约为 10℃/s，将不同的实验钢 ULC 热轧板分别层流冷却至约 600℃、660℃和 720℃，放入相应温度的箱式电阻炉中保温 0.5h 后随炉冷却；将另两块实验钢 ULC 热轧板层流冷却至约 720℃，一块放入相应温度的箱式电阻炉中保温 0.5h 后随炉冷却，另一块放入石棉保温箱中空冷，模拟热轧带钢板卷不同位置的不同冷却条件。实验钢 ULC 热轧板 720℃不同方式模拟卷取的冷却曲线实测值如图

4-1 所示（P_1，P_2 分别代表采用炉冷和石棉箱冷却的实验钢 ULC 热轧板）。这两种冷却路径旨在模拟热轧板卷不同位置的不同冷却情况，如图 4-2 所示。其中，P_1 的冷速接近热轧板卷芯部的冷却情况，而 P_2 的冷速则接近热轧板卷偏外部的冷却情况。

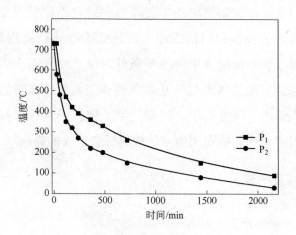

图 4-1　模拟热带卷取的冷却曲线实测值

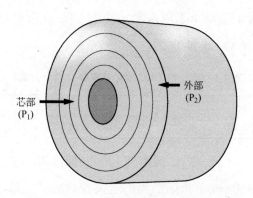

图 4-2　模拟热带卷取所代表的热轧板卷不同位置的冷却条件

实验钢热轧板经酸洗后，采用直拉式四辊可逆冷轧机冷轧至 1.1mm 厚。采用不同卷取温度的实验钢 ULC 冷轧板在 RAL-CAS-300 Ⅱ 型连续退火模拟实验机上模拟连续退火。由于实验钢 ULC 中的 C、N 原子由 Ti 固定，因此没有时效性，不需要进行过时效处理，其连续退火工艺为 830℃ 保温 120s，加热速率和冷却速率分别为 20℃/s 和 50℃/s。720℃ 不同方式模拟卷取的实验钢 ULC 冷轧板在 710℃ 的电阻炉中保温 5 ~ 6h 后随炉冷却，模拟罩式炉退火。

4.2.2 组织性能检测分析

实验钢板试样 RD（轧制方向）× ND（板面法向）面经粗磨→精磨→抛光后，采用 4% 的硝酸酒精溶液腐蚀，用 LEICA-Q550IW 金相显微镜（OM）和配备电子背向散射衍射（EBSD）系统的 FEI-Quanta600 扫描电子显微镜（SEM）对其显微组织进行观察。第二相析出粒子的精细观察使用配备能量谱仪（EDS）的 TecnaiG^2 F20 场发射透射电子显微镜（TEM）。TEM 试样采用两种方式制备：一种是机械磨至 60μm 配合电解双喷的方法；另一种是采用碳萃取复型的方法。分别采用 X 射线衍射（XRD）技术和电子背向散射衍射（EBSD）技术检测钢板试样 1/4 厚度处的织构特征，并使用 ODFs 计算软件绘制取向密度函数（ODFs）图。

实验钢板分别沿轧制方向、与轧制方向成 45°方向和与轧制方向成 90°方向切取拉伸试样，试样为符合国家标准（金属材料 室温拉伸试验方法 GB/T 228—2002）的矩形非比例拉伸试样。在拉伸实验机上以 5mm/min 的拉伸速度进行室温拉伸实验，获得退火板强度、断后伸长率、加工硬化指数（n 值）和塑性应变比（r 值），其中平均 r 值（r_m 值）计算同公式（3-1）。

搪瓷用钢板的抗鳞爆性能与 H 在钢中的渗透和扩散性能密切相关。依据电化学 H 渗透实验方法，采用 Fe-HP-12 型金属 H 渗透性能测试仪进行检测和评价，实验原理图和实验设备照片分别如前文图 3-2 和图 3-3 所示。

实验钢板试样为切成 50mm × 80mm 的矩形退火板，用 400 ~ 1200 号砂纸打磨至 1.0mm 厚，电解抛光并单面镀 Ni。实验主体部分由两个电解池构成，即充 H 电解池和释 H 电解池。两个电解池之间由钢板试样连接并隔开，未镀 Ni 的一面与充 H 电解池相连，镀 Ni 的一面与释 H 电解池相连。

充 H 电解池中，试样与恒电流源的负极相连，作为阴极。H^+ 向阴极运动，在电解液与阴极界面处发生电化学反应，即在钢板表面得电子产生 H，H 经由钢板内部扩散至镀 Ni 的一面。释 H 电解池中，试样与恒电压源的正极相连，作为阳极。H 未扩散至钢板阳极表面时，由恒压电源、释 H 电解池构成稳定的回路，有稳定的基态电流产生。当 H 经由钢板扩散至阳极表面时，H 失去电子变成 H^+，会在基态电流的基础上产生一个电流增量，经仪器检测并换算为 H 渗透通量 J，直至达到稳态。

H滞后时间 t_L 为 H 渗透曲线上 H 渗透率为 0.63 时，即归一化通量 $J_t /$ J_{max} = 0.63（其中，J_t 为 t 时刻的 H 渗透通量，J_{max} 为稳态 H 渗透通量的最大值）所对应的时间；H 扩散系数 D_L 由公式（3-2）计算得到。

4.3 实验结果及讨论

4.3.1 热轧卷取温度对连续退火生产的超低碳冷轧搪瓷用钢组织性能的影响

4.3.1.1 实验钢 ULC 连续退火板的微观组织、第二相析出离子和织构

实验钢 ULC 连续退火板的光学显微组织（OM 像）如图 4-3 所示。可以看出，600℃和 660℃卷取的实验钢 ULC 连续退火板铁素体为饼形晶粒。低碳钢冷轧退火后呈现饼状晶粒主要受细小 AlN 的影响。在相对较低的温度下卷

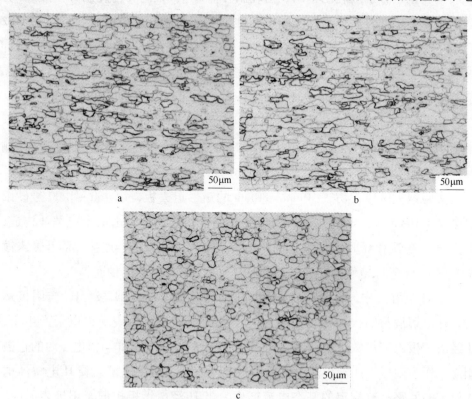

图 4-3　不同温度卷取的实验钢 ULC 连续退火板的光学显微组织

a—600℃；b—660℃；c—720℃

取后，细小 AlN 未能完全沉淀析出，过饱和固溶在基体中并偏聚在晶界处。在退火加热时，细小 AlN 颗粒沿原变形铁素体晶界析出，阻碍晶界沿板面法线方向的迁移，使最终的再结晶晶粒呈现饼状。而 720℃ 高温卷取使 AlN 在热轧板中已经充分析出，消除了其在退火过程中的影响，铁素体晶粒呈近似等轴。在大压下冷轧和高温退火的影响下，热轧卷取温度对最终退火板晶粒尺寸的影响很小，600℃、660℃ 和 720℃ 卷取的实验钢 ULC 连续退火板的平均晶粒尺寸分别为 9.7μm、9.3μm 和 11.2μm。

尺寸较粗大的析出相如 TiN、TiS、MnS 和 $Ti_4C_2S_2$ 等在相对较低温度的铁素体区通常很稳定。而 $Ti(C,N)$ 主要在 700~900℃ 沉淀析出[4]，因此对热轧卷取工艺非常敏感。在透射电镜下可以观察到大量弥散分布的 $Ti(C,N)$ 析出粒子，如图 4-4 所示。可以看出，不同温度卷取的实验钢热轧板中 $Ti(C,N)$

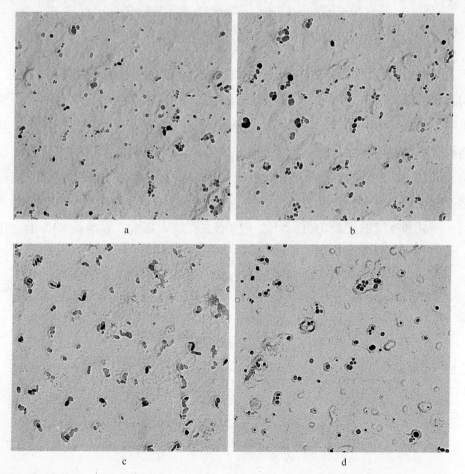

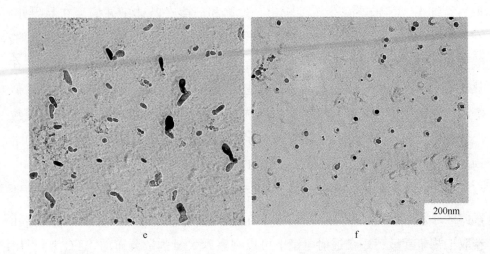

200nm

e   f

图4-4　实验钢 ULC 中 Ti(C,N)析出粒子的形貌（碳复型透射电镜照片）

热轧带：a—600℃卷取；c—660℃卷取；e—720℃卷取

退火带：b—600℃卷取；d—660℃卷取；f—720℃卷取

析出的形貌有明显的不同。实验钢中 Ti(C,N)析出的定量分析如图4-5所示。实验数据是使用超过 20 张随机选取的碳复型 TEM 照片的统计平均值。结果表明，热轧板中的 Ti(C,N)析出粒子随热轧卷取温度的升高而逐渐粗化，其体积分数也逐渐增大。这是由于在相对较低温度卷取时，Ti(C,N)析出的驱动力较大，而原子的扩散系数则很小，因而 Ti(C,N)析出更加弥散且不充分。然而，在退火板中，Ti(C,N)粒子的平均尺寸则变得更加相似。这些结果表明，冷轧和连续退火对 Ti(C,N)粒子的形态有较大影响。在冷轧 80% 的总压

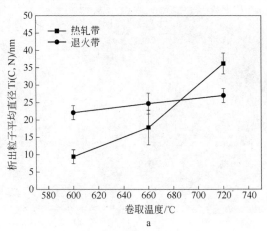

a

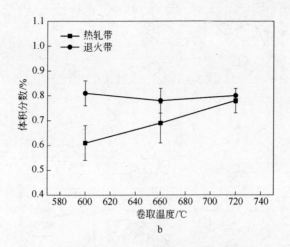

图 4-5　实验钢 ULC 中 Ti(C,N) 析出粒子的定量分析

a—平均尺寸；b—体积分数

下率下钢中产生大量的微孔洞，Ti(C,N) 提供了大量的形核点。在高温连续退火条件下，原子热运动较快，Ti(C,N) 粒子溶解并在新的形核位置重新形核析出。因此，冷轧退火后钢板中 Ti(C,N) 粒子的形貌差别与在热轧板中相比大大减小。

　　通过装备有电子背向散射衍射（EBSD）的扫描电镜可获得不同温度卷取的实验钢连续退火板 $\varphi_2 = 45°$ 的取向密度函数截面图（ODFs），如图 4-6 所示。由图可见，720℃卷取的实验钢退火板具有较强的 γ 再结晶织构，其取向密度强点压在 {111}⟨112⟩ 和 {554}⟨225⟩ 处；而在退火的卷取温度为600℃和660℃时，γ-织构相对较弱，其取向密度强点压在 {111}⟨110⟩ 处。由于实验钢 ULC 中 C、Ti 含量高于普通超深冲 IF 钢，以变形储能为驱动力优先形核的 {111} 取向再结晶晶粒的长大在间隙 C、N 原子的溶质拖曳效应和大量细小弥散分布的 Ti(C,N) 析出粒子钉扎作用的影响下会受到严重阻碍。因此，热轧低温卷取将在很大程度上降低最终冷轧退火板中 {111} 取向再结晶晶粒的体积分数，导致 γ-织构强度较弱。

4.3.1.2　实验钢 ULC 连续退火板的力学性能和成型性能

不同温度卷取的实验钢 ULC 热轧板经冷轧和高温快速连续退火后，钢板

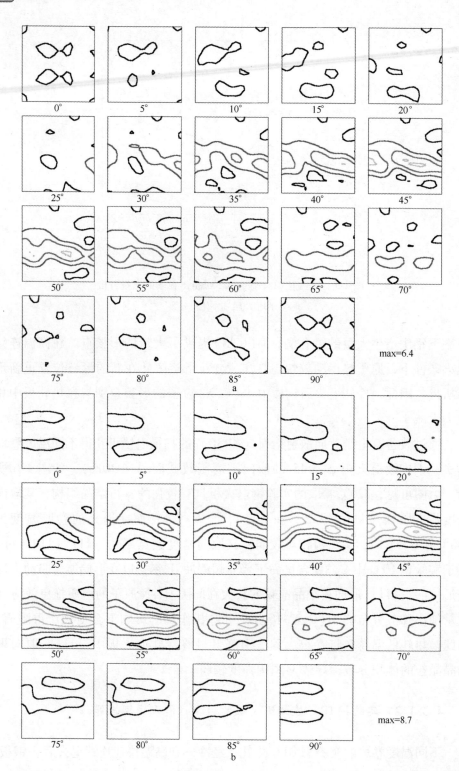

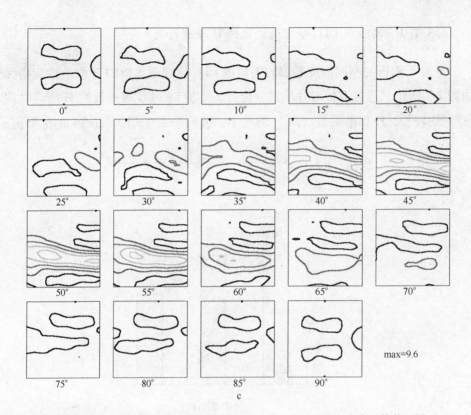

图 4-6 不同温度卷取的实验钢 ULC 连续退火板 $\varphi_2 = 0° \sim 90°$ 的取向密度函数截面图（ODFs）

a—600℃；b—660℃；c—720℃

试样的力学性能如表 4-2 所示。从表中可以看出，实验钢退火板的强度、断后伸长率和 n 值受热轧卷取温度的影响很小；而 r_m 值则是一个例外，随卷取温度的升高逐渐增大。r 值是衡量冲压成型性能的重要指标之一，其与晶体学取向密切相关[5]。钢板要具有较高的 r 值，组织中应该含有较高比例的晶粒 ⟨111⟩ 方向平行于板面法线方向（ND）[6~8]。720℃卷取的实验钢退火板具有较强的 γ 再结晶织构；而在卷取温度为 600℃ 和 660℃ 的退火板中，γ 织构相对较弱，导致 r_m 值较低，不利于搪瓷用钢板材的超深冲成型。

表 4-2 实验钢 ULC 连续退火板的力学性能

卷取温度/℃	R_{eL}/MPa	R_m/MPa	A_{50}/%	n 值	r_m 值
600	144	310	43.5	0.29	1.36
660	141	305	42.7	0.29	1.73
720	136	305	44.8	0.29	2.29

4.3.1.3 实验钢 ULC 连续退火板的 H 渗透行为

室温下测得的不同温度卷取的实验钢 ULC 连续退火板的 H 渗透性能指标如图 4-7 所示。通过有针对性的成分设计，实验钢 ULC 退火板的 H 滞后时间 (t_L) 均较长，H 扩散系数 (D_L) 均较小，远低于 $2.0 \times 10^{-6} \, \mathrm{cm^2/s}$ 的临界值。

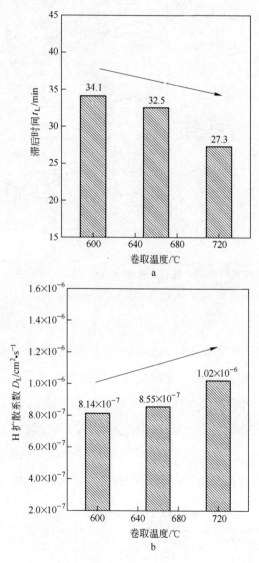

图 4-7　不同温度卷取的实验钢 ULC 连续退火板的 H 渗透性能

a—t_L；b—D_L

钢中 Ti(C,N) 析出粒子与 H 原子相互作用，具有较高的 H 陷阱激活能。Asaoka 等[9] 通过氚放射自显影法确定，在含 Ti 钢中充 H 后，H 聚集在 Ti(C,N) 析出粒子和基体的界面处。Takahashi（高桥）[10] 应用 3D 原子探针直接观察到充入含 Ti 钢中的氚原子主要集中在细小片状 Ti(C,N) 析出粒子的边缘。低温卷取的实验钢退火板的 D_L 相对较低主要是因为其具有更高 Ti(C,N) 析出粒子与基体界面面积。

4.3.2 热轧卷取冷却条件对罩式退火超低碳冷轧搪瓷用钢组织性能的影响

4.3.2.1 不同热轧卷取冷却条件的实验钢 ULC 的微观组织、第二相析出离子和织构

不同方式 720℃ 卷取的实验钢 ULC 的 EBSD 照片如图 4-8 所示。实验钢热

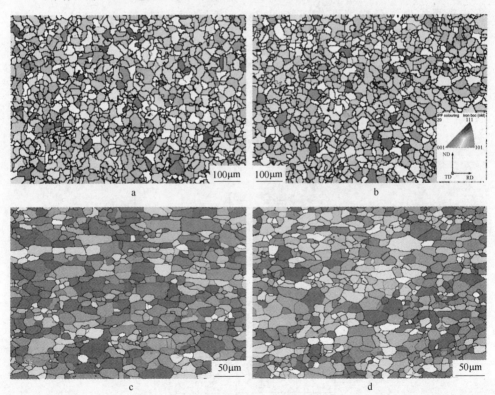

图 4-8 不同方式 720℃ 卷取的实验钢 ULC 的 EBSD 照片

a—P₁（热轧带随炉冷却）；b—P₂（热轧带石棉冷却）；c—P₁A（退火带）；d—P₂A（退火带）

轧板 P_1（随炉冷却模拟卷取）和 P_2（在石棉箱中冷却模拟卷取）的平均晶粒尺寸分别为 17.1μm 和 16.8μm，由此表明实验采用的不同热轧卷取冷却路径对热轧板铁素体晶粒尺寸的影响不大。P_1A（来自 P_1 的罩式退火板）和 P_2A（来自 P_2 的罩式退火板）中的再结晶铁素体晶粒尺寸分别为 8.9μm 和 8.6μm。热轧板经冷轧退火后铁素体晶粒尺寸细化且 P_1A 和 P_2A 中铁素体晶粒尺寸同样相类似。

在扫描电子显微镜（SEM）下可以清晰地观察到实验钢 ULC 热轧板（以 P_1 为例）中的大尺寸析出粒子：方形的为 TiN，满足原子比 Ti/N 几乎是 1，如图 4-9a 所示；大多数圆形或近似圆形的较大尺寸析出粒子都满足原子比 Ti/S 为 0.7～1.0，可以确认为是 TiS 或 $Ti_8S_9^{[11]}$，如图 4-9b 所示；少数的大尺寸圆形析出物同时含有 Ti、S 和 Mn，满足原子比 (Ti + Mn)/S 几乎是 1，可以被认为是 Ti、Mn 硫化物的复合析出相，如图 4-9c 所示。以上析出相尺寸粗大，数量较少，在 SEM 下即可清晰观察。透射电子显微镜（TEM）下可以观察到两类弥散分布的析出物粒子（以 P_1 为例），如图 4-9d 所示：一类包含 Ti、S 和 C 原子，满足原子比 Ti/S 几乎是 2，可以确定其为 $Ti_4C_2S_2^{[11]}$（C 原子不能被 EDS 准确检测）；另一类包含 Ti 和 N，可以被认为是 $Ti(C,N)^{[11]}$。TiN、TiS、MnS 和 $Ti_4C_2S_2$ 主要在奥氏体区析出，在相对低温的铁素体区比较稳定，不同冷却条件的热轧卷取过程对其影响极小，此类析出相在 P_1 和 P_2

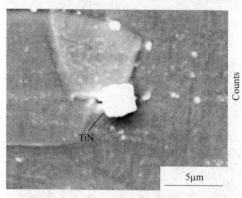

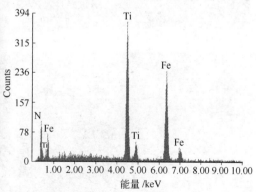

元素	质量分数/%	原子分数/%
N	13.17	36.13
Ti	36.21	29.04
Fe	50.62	34.83

a

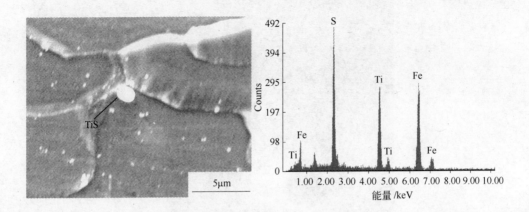

元素	质量分数/%	原子分数/%
S	21.86	31.61
Ti	25.38	24.57
Fe	52.77	43.82

b

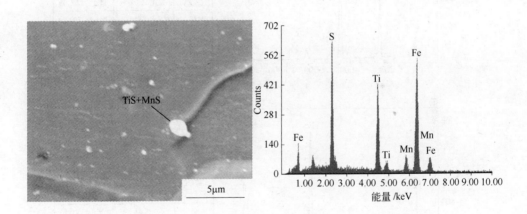

元素	质量分数/%	原子分数/%
S	18.21	27.12
Ti	20.11	20.05
Mn	6.96	6.05
Fe	54.71	46.78

c

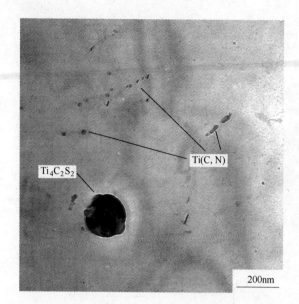

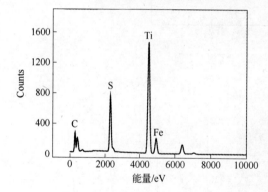

元素	质量分数/%	原子分数/%
C	20.82	48.27
S	19.84	17.23
Ti	59.32	34.48

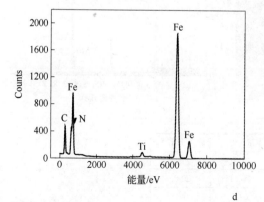

元素	质量分数/%	原子分数/%
C	21.69	55.34
N	0.91	2.00
Ti	1.89	1.21
Fe	75.49	41.43

d

图 4-9 实验钢 ULC 热轧板 P_1 中析出物的微观组织照片及其相应的 EDS 能谱分析

a—TiN（SEM）；b—TiS（SEM）；c—TiS + MnS（SEM）；d—$Ti_4C_2S_2$ 和 Ti（C,N）（TEM）

几乎没有差别。然而 Ti(C,N) 主要在大约 700~900℃ 沉淀析出[12]，在实验钢中形貌差别较大，如图 4-10 所示。Ti(C,N) 析出的定量分析如表 4-3 所示。其实验数据是使用超过 20 张随机选取的碳复型 TEM 照片的统计平均值。卷取过程冷速较缓慢的 P_1 热轧板中的 Ti(C,N) 析出粒子比较粗大；而卷取过程冷速较快的 P_2 热轧板中的 Ti(C,N) 析出粒子则非常细小弥散。在退火板中，Ti(C,N) 粒子的平均尺寸则变得更加相似。这些结果与前文所述的不同温度卷取的 ULC 实验钢的规律十分类似。大压下冷轧和较长时间保温的罩式退火使 Ti(C,N) 粒子的形貌差别大大减小。

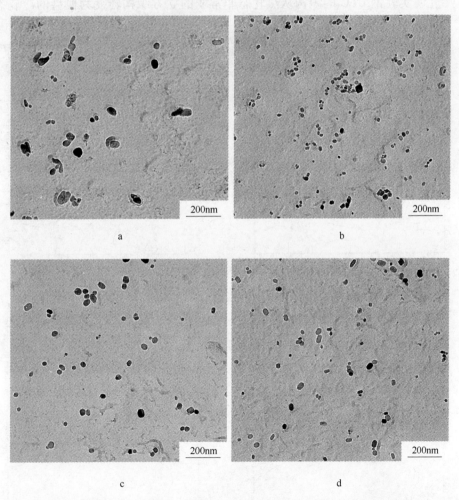

图 4-10 实验钢 ULC 中 Ti(C,N) 析出粒子的形貌（碳复型透射电镜照片）

a—P_1；b—P_2；c—P_1A；d—P_2A

表4-3 实验钢 ULC 中 Ti(C,N) 析出粒子的定量分析

钢	平均粒径 d/nm	每单位体积内数量 N_V/m^{-3}	体积分数 $F_V/\%$
P_1	37.4	2.59×10^{20}	0.71
P_2	10.8	1.05×10^{22}	0.69
P_1A	26.2	8.29×10^{20}	0.78
P_2A	23.1	1.19×10^{21}	0.77

采用 X 射线衍射（XRD）仪获得 720℃ 不同方式卷取的实验钢板不同阶段 $\varphi_2 = 45°$ 的取向密度函数截面图（ODFs），如图 4-11 所示。可以看出大压下冷轧使实验钢 ULC 的织构从热轧态非常弱的立方织构转变为典型的冷轧态

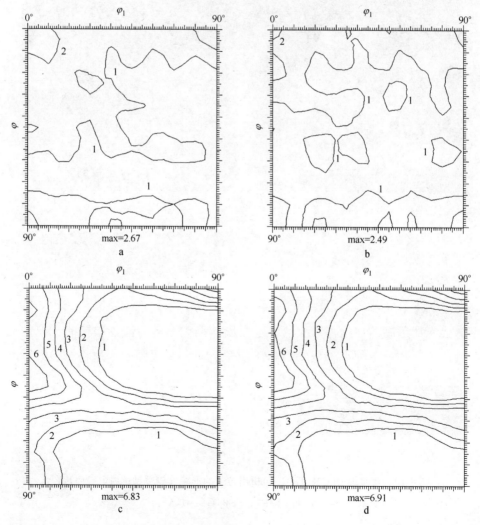

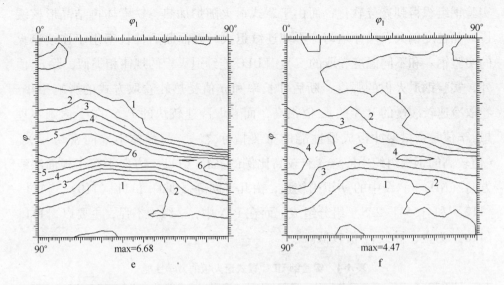

图 4-11 实验钢 ULC 在 $\varphi_2 = 45°$ 的取向密度函数截面图 （ODFs）

a—P_1；b—P_2；c—P_1C（来自 P_1 的冷轧薄板）；d—P_2C（来自 P_2 的冷轧薄板）；e—P_1A；f—P_2

较强的 α-织构和 γ-织构。其中 P_1C（来自于 P_1 的冷轧板）和 P_2C（来自 P_2 的冷轧板）的织构特征差别极小，这表明不同的 Ti(C,N) 析出粒子状态对冷轧态织构的获得几乎没有影响。罩式退火后，冷轧板中的 α-织构几乎消失，而 γ-织构得到增强。P_1A 中的 γ-织构较强，由几乎同等强度的 {111}⟨110⟩、{111}⟨112⟩ 和 {554}⟨225⟩ 组分组成；而在 P_2A 中，γ-织构不强，主要以 {111}⟨110⟩ 为主。因为除了 Ti(C,N) 析出粒子在热轧板中有差异外，没有发现采用不同卷取方式的实验钢的其他区别，因此其被认为是影响最终退火板 γ-织构强度的唯一条件。冷轧板中高密度的细小 Ti(C,N) 析出粒子处的变形储能往往更高。在这种情况下，以变形储能为驱动力优先形核的 γ 取向晶粒的长大受到大量细小 Ti(C,N) 析出粒子的阻碍会更强烈。这将在很大程度上降低最终 γ 再结晶晶粒的体积分数，导致 γ-织构较弱。

4.3.2.2 实验钢 ULC 罩式退火板的力学性能和成型性能

不同方式 720℃ 卷取的实验钢 ULC 热轧板经冷轧和罩式退火后，钢板试样的力学性能如表 4-4 所示。与连续退火的实验钢 ULC 相比，罩式退火的实验钢强度明显较低，而断后伸长率则稍差。罩式退火保温时间长且随炉冷却，实验钢组织得到充分软化；而由于罩式退火随炉加热，铁素体再结晶形核缓慢，晶粒度偏大，尺寸均匀性不如连续退火，因而断后伸长率小于连续退火的实验钢。和不同温度卷取的实验钢 ULC 连续退火板的规律相类似，除 r_m 值外，实验钢退火板的强度、断后伸长率和 n 值受热轧卷取方式的影响很小。卷取冷速较缓慢的 P_1A 的 r_m 值很高，而卷取冷速较快的 P_2A 的 r_m 值则不理想。r 值是衡量深冲板成型性能的重要指标之一，与晶体学取向密切相关。r 值较高的钢板组织中应该含有较高比例的晶粒 $\langle 111 \rangle$ 方向平行于板面法线方向（ND）。P_1A 中的 γ-织构较强，由几乎同等强度的 $\{111\}\langle 110 \rangle$、$\{111\}$ $\langle 112 \rangle$ 和 $\{554\}\langle 225 \rangle$ 组分组成；而在 P_2A 中，γ-织构不强，主要以 $\{111\}$ $\langle 110 \rangle$ 为主，导致 r_m 值较低。

表 4-4　实验钢 ULC 罩式退火板的力学性能

钢	R_{eL}/MPa	R_m/MPa	A_{50}/%	n 值	r_m 值
P_1A	109	295	41.1	0.29	2.36
P_2A	111	300	40.7	0.29	1.63

4.3.2.3　实验钢 ULC 罩式退火板的 H 渗透行为

实验钢 ULC 罩式退火板室温下的 H 渗透曲线如图 4-12 所示。P_1A 和 P_2A 的 H 扩散系数（D_L）分别为 $8.57 \times 10^{-7} cm^2/s$ 和 $7.94 \times 10^{-7} cm^2/s$。不同方式卷取的实验钢罩式退火板均具有良好的抗鳞爆性能。这主要得益于钢板中存

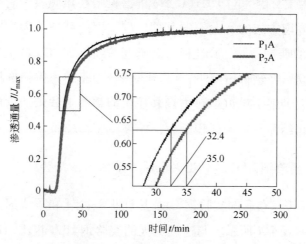

图 4-12　不同方式卷取的实验钢 ULC 罩式退火板的 H 渗透曲线

在的大量弥散分布的析出粒子。P_2A 比 P_1A 具有相对更高的 H 滞后时间（t_L）和更低的值 D_L，主要因为其单位体积内析出相的表面积值更大。如前文所述，析出相与铁素体基体的界面可以作为不可逆 H 陷阱，阻碍或束缚 H 原子在钢中的扩散。

4.4　小结

本章通过实验室条件下的工艺模拟研究了热轧卷取工艺对超低碳冷轧搪瓷用钢组织性能的影响，主要针对超低碳搪瓷用钢中 Ti(C,N) 析出粒子的演变规律，得到如下结论：

（1）660℃以下卷取的实验钢 ULC 连续退火板铁素体为饼形晶粒，其主要受细小 AlN 的影响；而 720℃高温卷取使 AlN 在热轧板中已经充分析出，消除了其在退火过程中的影响，退火板的铁素体晶粒呈近似等轴。不同温度卷取的实验钢 ULC 连续退火板的平均晶粒尺寸差别不大。热轧板中粗大的析出相如 TiN、TiS、MnS 和 $Ti_4C_2S_2$ 等在相对较低温度的铁素体区通常很稳定；而 Ti(C,N) 则对热轧卷取工艺非常敏感。热轧板中的 Ti(C,N) 析出粒子随热轧卷取温度的升高而逐渐粗化，其体积分数也逐渐增大。然而，在退火板中，Ti(C,N) 粒子的平均尺寸则变得更加相似。

（2）实验钢 ULC 连续退火板的强度、断后伸长率和 n 值受热轧卷取温度的影响很小；而 r_m 值则是一个例外，随卷取温度的升高逐渐增大。720℃卷取的实验钢退火板具有较强的 γ 再结晶织构，其取向密度强点压在 {111}⟨112⟩ 和 {554}⟨225⟩ 处；而在退火的卷取温度为 600℃和 660℃时，γ-织构相对较弱，其取向密度强点压在 {111}⟨110⟩ 处。以变形储能为驱动力优先形核的 {111} 取向再结晶晶粒的长大在间隙 C、N 原子溶质拖曳效应和大量细小弥散分布的 Ti(C,N) 析出粒子钉扎作用的影响下会受到严重阻碍。热轧低温卷取将在很大程度上降低最终冷轧退火板中 {111} 取向再结晶晶粒的体积分数，导致 γ-fiber 强度较弱，r_m 值较低，不利于搪瓷用钢板材的超深冲成型。与之相反的是，低温卷取的实验钢退火板具有相对较低的 D_L 主要是因为其具有更高 Ti(C,N) 析出粒子与基体界面面积。

（3）不同热轧卷取冷却条件对 720℃卷取的实验钢 ULC 热轧板和罩式退火板铁素体晶粒尺寸的影响均不大。与不同温度卷取的实验钢 ULC 的规律相同，不同冷却条件的热轧卷取过程对 $Ti(C,N)$ 析出粒子有较大影响。卷取过程冷速较缓慢的 P_1 热轧板中的 $Ti(C,N)$ 析出粒子比较粗大；而卷取过程冷速较快的 P_2 热轧板中的 $Ti(C,N)$ 析出粒子则非常细小弥散。在退火板中，$Ti(C,N)$ 粒子的平均尺寸则变得相似。

（4）和不同温度卷取的实验钢 ULC 连续退火板的规律相类似，除 r_m 值外，不同热轧卷取冷却条件的实验钢 ULC 罩式退火板的强度、断后伸长率和 n 值受热轧卷取方式的影响很小。卷取冷速较缓慢的 P_1A 的 r_m 值很高，而卷取冷速较快的 P_2A 的 r_m 值则不理想。$Ti(C,N)$ 析出粒子状态对冷轧态织构的获得几乎没有影响。P_1A 中的 γ-织构较强，由几乎同等强度的 $\{111\}\langle110\rangle$、$\{111\}\langle112\rangle$ 和 $\{554\}\langle225\rangle$ 组分组成；而在 P_2A 中，γ-织构不强，主要以 $\{111\}\langle110\rangle$ 为主。$Ti(C,N)$ 析出粒子在热轧板中的差异外被认为是影响最终退火板 γ-织构强度和 r_m 值的唯一条件。冷轧板中高密度的细小 $Ti(C,N)$ 析出粒子处的变形储能往往更高。在这种情况下，以变形储能为驱动力优先形核的 γ 取向晶粒的长大受到大量细小 $Ti(C,N)$ 析出粒子的阻碍会更强烈。这在很大程度上降低了最终 γ 再结晶晶粒的体积分数，导致 γ-织构较弱和 r_m 值较低。不同方式卷取的实验钢退火板均具有良好的抗鳞爆性能。这主要得益于钢板中存在的大量弥散分布的析出粒子。P_2A 比 P_1A 具有相对更高的 H 滞后时间 (t_L) 和更低的值 D_L，主要因为其单位体积内析出相的表面积值更大。

参 考 文 献

[1] 章晓辉，彭伟，蒋灿东，等. CSP 产品做冷轧基板的适用性[J]. 金属材料与冶金工程，2007，35(1)：45~46.

[2] 王孝培. 实用冲压技术手册[M]. 北京：机械工业出版社，2001，2~8.

[3] 刘嵩，于宁，刘立群，等. 冷轧超低碳搪瓷钢板的研究[J]. 鞍钢技术，2009(1)：25~29.

[4] Yoshinaga N, Ushioda K, Akamatsu S, et al. Precipitation behavior of sulfides in Ti-added ultra low-carbon steels in austenite [J]. ISIJ Int, 1994, 34(1)：24~32.

[5] Ray R K, Jonas J J, Hook R K. Cold rolling and annealing textures in low carbon and extra low carbon steels [J]. Int Mater Rev, 1994, 39(4)：129~172.

[6] Mishra S, Darmann C. Role and control of texture in deep-drawing steels [J]. Int Metal Rev,

1982，27(6)：307~320.

[7] 何崇智，张志军，田德新，等. 武钢微碳深冲钢板的织构特征与成型性[J]. 钢铁，1998，33(7)：37~40.

[8] 吕庆功，黄重国，陈光南，等. 冷轧压下率和罩式退火升温速度对微碳深冲钢板织构的影响[J]. 钢铁研究，2002(4)：32~38.

[9] Asaoka T, Lapasset G, Aucouturier M, et al. Observation of hydrogen trapping in Fe-0. 15 wt% Ti alloy by high resolution autoradiography [J]. Corrosion, 1978, 34(2)：39~47.

[10] Takahashi J, Kawakami K, Kobayashi Y, et al. The first direct observation of hydrogen trapping sites in TiC precipitation-hardening steel through atom probe tomography [J]. Scrip Mater, 2010, 63(3)：261~264.

[11] Hua M, Garcia C I, Eloot K, et al. Identification of Ti-S-C-containing multi-phase precipitates in ultra-low carbon steels by analytical electron microscopy [J]. ISIJ Int, 1997, 37(11)：1129~1132.

[12] Yoshinaga N, Ushioda K, Akamatsu S, et al. Precipitation behavior of sulfides in Ti-add Ultra-Low-Carbon steels in austenite [J]. ISIJ Int, 1994, 34(1)：24~32.